U0073559

東京炸物名店 酥炸珍饌 精粹技法 150

靈感無限　技巧嶄新

柴田書店編著

瑞昇文化

油炸好剛起鍋的香氣及那金黃色麵衣，搭配酥脆口感！
油炸料理的魅力無人可擋、眾人皆愛

近年來日本料理店當中也常備有紅酒、香檳或者氣泡日本酒等酒類，銷售狀況也比過往好很多。因此有許多店家也希望能夠增添些與這類酒品非常相襯的油炸料理品項。另外，油炸料理分量十足、也是一口便能了解當中內涵的菜色，因此無論客人是男女老幼或者訪日外國人，都能夠大獲好評，所以經常被當成單品料理、也會被高級料理店放入套餐當中。

本書除了大受歡迎的「油炸料理＝炸物」以外，同時收錄使用了「油炸」技巧的涼拌料理、燉煮料理以及飯類。除了以材料作為區分以外，書中收錄了上自前菜下至甜點、下酒菜等等，充滿「炸物」魅力的１５０道菜色。另外也寫出想炸好每道菜色需要的「適當溫度及時間」、「料理者的預想狀態」等，以簡潔方式撰文，還請大家作為參考。

本回為了向大家介紹給人全新感受的炸物，因此聘請許多新銳年輕料理人為大家介紹料理。除了日本料理中原先就有的炸物以外，也有許多顛覆過往知識的料理。希望這本書能夠為大家每天桌上的菜色增添一些靈感，便是本出版社的無上光榮。

柴田書店書籍編輯部

目次

第二章　蔬菜油炸

第三章　肉與蛋油炸

第四章　珍味、加工品油炸物

第五章　春捲、腐皮捲油炸物

本書使用方式

・完成料理的旁邊放有材料在裹上麵衣前的材料照片，還請參考。
・刊載有每道料理的解說、油炸適當溫度及時間、以及炸的時候的預想狀態觀感。適當溫度及時間會因材料分量及麵衣等狀態而有所變動，書中數值僅供參考。
・分量標示若無單位記號，則為搭配比例。
・材料欄當中的分量，表記為數量者，若未作特別註記，則表示為製作刊載料理之數量。另外必須一起處理的東西，則表記為容易處理的分量。

◎油炸物的基本

〔乾粉〕

在裹上麵衣之前必須先灑上乾粉。乾粉一般會使用麵粉。麵粉稍帶黏性，作為乾粉灑上去可以成為黏著劑，讓麵衣平均裹在材料上。但如果灑了過厚的乾粉，就會讓麵衣也變得太厚，炸起來就會非常沉重，要多加注意。

請先盡量拍落多餘的乾粉之後再裹麵衣。

〔水分〕

一般來說天婦羅麵衣或者較薄的麵衣，會將蛋汁加上一點低筋麵粉來混勻使用。這時候的蛋汁是用蛋黃和水混合而成的。如果想讓麵衣呈現白色，就會使用蛋白、又或者甚至不用蛋而只使用水。

無論如何，只要在麵粉當中添加水分，就會產生麩質這種具黏性的東西，因此可以用較粗的筷子稍微混勻即可。包含蛋液在內的麵衣材料及工具，最好都事先經過冷卻，這是讓麵衣盡可能不要過黏的技巧。因為低溫下比較不容易形成麩質。

〔粉類〕

天婦羅麵衣等一般會使用蛋白質含量較低（也就是不容易形成麩質）的低筋麵粉。如果能使用蛋白質量更少的玉米粉或者米粉等搭配低筋麵粉，就能夠做出更清爽的麵衣。

若是切塊炸使用低筋麵粉，粉會維持內餡有一定的水分，因此能夠炸得比較濕潤，但若能使用蛋白質含量較低的太白粉、玉米粉或者很細的米粉、年糕粉等，就能夠將麵衣做得非常清爽。

切塊炸的粉如果確實握緊、讓粉固定在表面上以後拍掉多餘粉末，就不容易噴油、也能炸得比較均勻。

〔麵包粉等〕

炸東西的時候若要裹麵包粉或者特殊油炸用的糯米粉、又或者是顆粒比較大的麵衣，在灑好乾粉以後可以稍微過一下蛋液或者黏合劑（將粉類與水混在一起較鬆軟的麵糊），這樣就能裹得比較均勻。

若使用已經去除水分的乾麵包粉、糯米粉、米餅粉等，便能炸得非常爽脆。如果將乾麵包粉磨細一點，就會更加清爽。

〔炸油〕

一般使用的是精製菜籽油、大豆油、米糠油等。有些天婦羅店會搭配麻油來帶出香氣。雖然對油的性質有所堅持也非常重要，但為了不使油品劣化，也不要忘記更換炸油。尤其是像白扇揚這種需要讓食品維持白皙的時候要更加注意。

〔油品大略溫度〕

滴下天婦羅麵衣時看清溫度狀態大約如下所列。

雖然也會因為材料的性質及一次放入鍋中的分量而有所差異，但如果沒有在放入材料前先將油的溫度提升到某個程度，放入材料後油溫一定會下降，就很可能造成麵衣脫落、無法炸得酥脆，要多加注意。

高溫→180～190℃

180℃時麵衣會迅速沉到一半馬上浮起。如果已經達到190℃，那就只會在表面散開。高溫下很容易劇烈產生氣泡。

～～～

中溫→170℃上下

一邊散發出小氣泡一邊靜靜下沉，沒多久之後會迅速浮起。

～～～

低溫→150～160℃

靜靜沉下之後緩緩浮起。

參考文獻：天ぷらの全仕事／近藤文夫著（柴田書店出版）

◎油炸技巧新口味研究

1 讓麵衣有更舒適的口感 重點在於適當溫度與時間

油炸這種高溫烹調方式，是將麵衣及材料的水分抽走以後帶出獨特的口感。素炸、切塊炸、裹粉炸等，油炸的方式真的種類繁多，但油炸物的魅力都在於油炸起鍋後的香氣及口感。起鍋之後過了一段時間，口味也會有所轉變。

有輕盈爽口的麵衣，也有稍帶堅硬口感的外皮。這是由於麵衣的濃度、麵包粉或糯米粉等顆粒粗細、以及油炸方式的不同帶來各式各樣的口感，但更重要的就是油炸時的適當溫度以及時間。如果能夠符合起鍋後的預想狀態完全一致，那麼就算是用了油的料理也能夠十分清爽。如果沒能好好抽出麵衣的水分，那麼油也不好瀝乾，麵衣吸了油之後就會非常沉重，卡路里也會暴增好幾倍，要多加注意。

2 濃縮美味、爽脆口感、油炸脫水！

脫水的方式會需要根據油炸材料來調整溫度及時間。水分多的材料，比方說根莖類等，以較低的溫度花費較多時間來油炸脫水，就能夠濃縮材料的甜度與美味（P108炭燒洋蔥、P157炸生麩與根菜味噌田樂）。確實將牛蒡水分炸乾使其纖維爽脆的脆牛蒡（P93）或者番薯脆條（P95）等也是如此。最重要的就是去除水分的同時不能燒焦。

另外切成細絲的紫蘇、馬鈴薯、蔥或者生薑、櫻花蝦等則使用短時間來油炸脫水，（P89髮絲紫蘇、P96新馬鈴薯爽脆沙拉、P60稻庭烏龍櫻花蝦速炸等），都充滿了引出材料特徵的工夫。

選擇能夠固定在油炸材料上的麵衣，變換口感或油炸方式來炸得輕巧些。

脫水以後能夠濃縮甜味及香氣，這也是油炸方式的魅力之一。

3 以麵衣作為保護層，中心半生而多汁

油炸料理由於有麵衣等包覆當中的材料，因此餡料承受的熱度會較小、能夠讓材料中心較生。另外也有著將餡料的水分及美味都保留在麵衣內的優點。即使以高溫油炸，對於中間的材料來說也會因為麵衣的存在而減輕直接性的傷害。

另外由於外層有麵衣，當中的材料本身水分到蒸發以後，也可以期待材料本身展現出以蒸的手法來烹調的效果，也能利用麵衣的餘溫來使材料達到一定火侯。

這是使用在炸牛排等料理上慣用的技巧，但本書當中也會介紹此種方法應用在會拿來做為生魚片食用的魚貝類上的範例（P51薄燒鰹魚、P51炸大頭菜與鰹魚）。

另外若使用春捲皮和米粉網、腐皮等包起來油炸，就能夠包覆水分比較多的材料，提供熱騰騰又入口即化的料理。

4 油炸後更能沾附調味料

「過油」是中華料理當中很稀鬆平常的烹調方式。是一種拌炒的前置作業。配合材料調整油品溫度，將切好的材料放進油中滾一下，大約30秒之後就撈起瀝油。過油是一種能讓材料快速又均勻過火的優秀技巧。

以過油這種技巧為靈感，本書當中介紹了以這種方式做前置作業的灑粉肉類（過油通常會先將粉類灑在肉上）、以及將蔬菜炸過之後再炒（P128炸烤鴨與素炸苦瓜）的範例。

這樣一來油炸的食物能夠快速過火、如果已經先灑好粉類，那麼之後調理的時候也比較容易沾附調味料。

另外如果能採取先炸過再燉煮的步驟，煮的時候材料就不容易散開、味道也比較容易沾附在食物上（P50旗魚荷蘭燒）。

裹粉油炸的特徵之一是能讓當中的食材接收比較溫和的過火步驟。如果希望火侯不要太老的話，裹粉保護材料也是方法之一。

裹粉油炸以後，用來調味的佐料也比較容易固定。

炸了之後再炙燒，能徹底瀝乾油分，也會多些薰香。

保持口味清淡材料的多汁感，又能夠增添分量。

5

瀝掉炸油 添加炭火香氣

這裡試著以炭燒洋蔥（P108）作為範例解說。洋蔥使用低溫來油炸，因此表面的油非常不容易瀝掉。如果把炸得柔軟至入口即化程度的洋蔥放在炭火上烤一烤，那麼不僅能讓油分滴落，滴落的油還能讓炭火冒出薰香而讓洋蔥也帶有炭火獨特的香氣。

另外如果使用低溫花費較多時間素炸水嫩的帶葉洋蔥，那麼就能濃縮其入口即化的甘甜。帶葉洋蔥很容易變得油膩膩，因此使用烤香來燒烤瀝油的話，就能品嘗到入口即化的洋蔥甘甜（P109炸帶葉洋蔥涼拌毛蟹鮪魚絲）。

油炸之後燒烤，滴落油分增添香氣。除了洋蔥以外，希望大家也能將這種嶄新技巧運用在其他材料上。

6

清淡的材料可 增添分量

油炸的魅力之一就是為油脂較少的材料增添濃郁口感。如旗魚或者雞胸肉等，使用麵衣或粉類包裹以後，就能在保持水分的情況下增添油脂濃郁感。如果是炙燒鰹魚生魚片等，又或者是要將沒什麼油脂的魚類做成表皮炙燒或表層炭烤的時候，以油炸來取代燒烤，能讓材料風味更加濃郁（P50炙燒風味鰹魚）。

另外若是炸了以後再煮，就能讓燉汁更加濃郁、增添料理分量（P50旗魚荷蘭燒）。湯品也是一樣，先將湯料炸過之後，會更能吸附湯汁、增添濃郁感。

如果想為涼拌菜色增添分量，那麼拌進炸過的材料，應該也能增加滿足感。做成沙拉也是一樣的情況。在清爽的蔬菜當中混入炸酥、灑上炸得酥脆的新鮮馬鈴薯，除了口感以外，也能夠增添油品的濃郁感（P149炸酥五加科與野萱草涼拌烏魚子、P96新馬鈴薯爽脆沙拉）。沙拉醬以及拌料的酸味與油品也非常搭調，讓人吃起來清爽是最重要的。

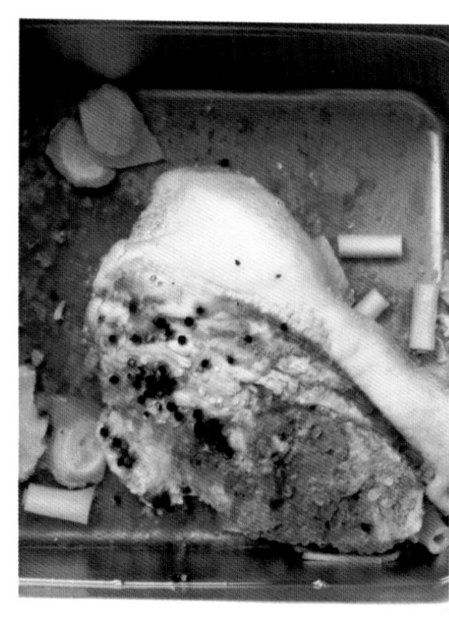
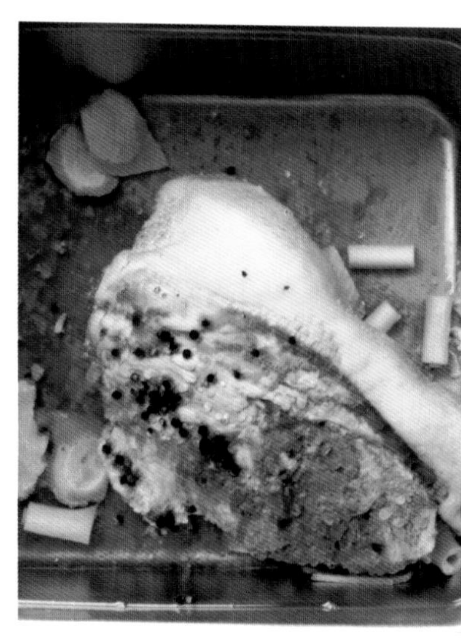

先將食材過火以後，只要加熱就可以上桌，能縮短烹調時間。

依據溶解粉類的水分種類及分量，能夠炸出不同口感。

7 油封炸過以後能縮短油炸時間 ＝只要炸已加熱完畢的材料

舉例來說Ｐ１３７的油封豬肩，雖然做成豬排丼，但其實只要像這樣事先過火的材料，都能在油炸的時候專注於麵衣炸出來的成果。

海老芋或堀川牛蒡這類根莖類，如果從生的開始炸起會非常花時間，等到中間熟了，麵衣可能也已經燒焦，因此事先煮過就能縮短時間。

如果要炸的是會稍微變硬的芝麻豆腐等，也只要讓中心變溫熱即可，因此可以用較薄的麵衣來炸。

本書當中介紹的香炸高湯蛋捲（Ｐ１４１）也是在準備階段就已經烤過，因此能夠縮短上桌所需花費的時間。

需要花費時間才能熟透的材料，若不希望炸出來顏色太深、又或者希望能短時間炸好，那麼就先把材料拿去過火吧。

8 以碳酸水溶解粉類 混入蛋白霜粉

油炸食物外層的麵衣是粉類加水。

天婦羅麵衣一般會使用低筋麵粉加蛋汁，但也可以利用粉類或者水分的特性，來下各種不同的工夫。舉例來說如果以碳酸水取代水，就能炸得非常酥脆。這是因為碳酸水當中含有二氧化碳帶來的效果。以高溫油炸的話，二氧化碳會帶著麵衣當中的水分一舉散出，因此炸好以後不會有黏膩感。

另外就像是義大利料理當中會使用的麵衣，是將粉類加入蛋白打發的蛋白霜當中，做成非常結實的麵衣。本書當中也介紹了利用此一性質做成的特殊油炸料理（Ｐ67炸白帶魚蠶豆酥）。

可樂餅、肉餅圖鑑

可樂餅、肉餅受到所有人喜愛，是非常具代表性的油炸食品。雖然是非常平民感的料理，但只要在內餡裡頭下點工夫、添加具有季節感的材料，也能夠做成日本料理般的洗鍊油炸料理。也能夠每個月隨季節更換菜單、做成店家本身的看板料理。

黑鮑魚
入口即化可樂餅
P19
おぐら家

香箱蟹雞蛋可樂餅

おぐら家

P19

生海膽與青海苔的米飯可樂餅

おぐら家

P19

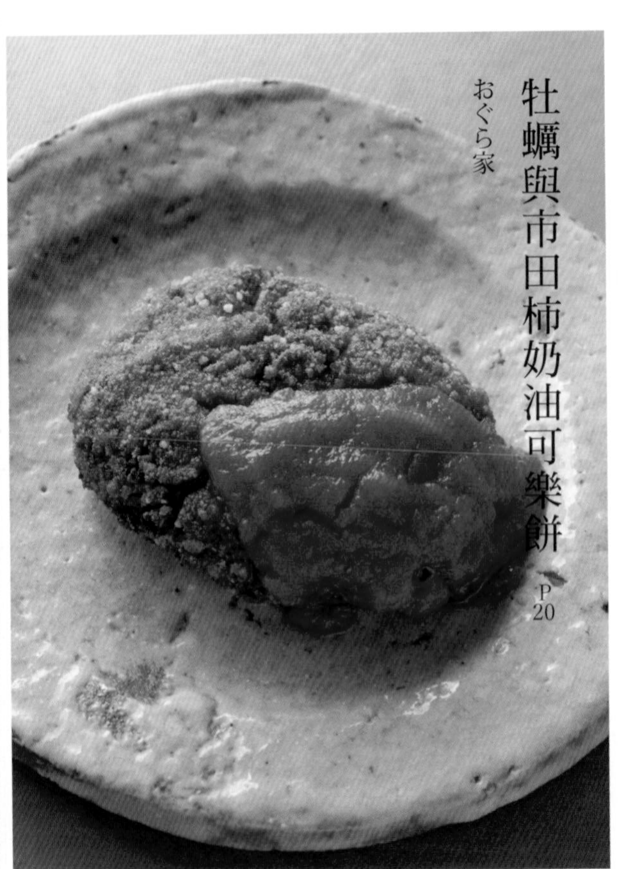

牡蠣與市田柿奶油可樂餅

おぐら家

P20

麵包粉炸螃蟹

蓮

P20

牡蠣奶油可樂餅

ゆき椿

P20

蛤蜊與春高麗菜可樂餅

ゆき椿

P21

春高麗菜與櫻花蝦可樂餅

おぐら家

P21

黑豆可樂餅

ゆき椿

P22

牛肝菌與干貝的奶油可樂餅

P22

西麻布 大竹

竹筍、青椒、紅蘿蔔炸肉餅

P23

西麻布 大竹

小倉家可樂餅

おぐら家

P22

ゆき椿
炸肉餅
P23

おぐら家
蜂斗菜可樂餅
P23

丹波烏骨雞可樂餅與烤雞
P24
楮山

炸之前的可樂餅、肉餅樣貌

黑鮑魚入口即化可樂餅

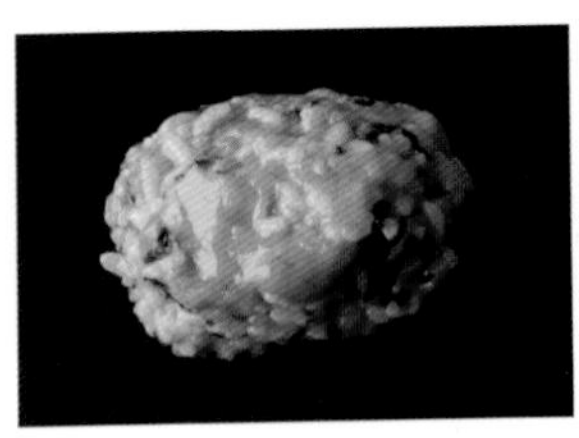
生海膽與青海苔的米飯可樂餅

香箱蟹雞蛋可樂餅

麵包粉炸螃蟹

牡蠣與市田柿奶油可樂餅

牡蠣奶油可樂餅

蛤蜊與春高麗菜可樂餅

春高麗菜與櫻花蝦可樂餅

黑豆可樂餅

牛肝菌與干貝的奶油可樂餅

小倉家可樂餅

竹筍、青椒、紅蘿蔔炸肉餅

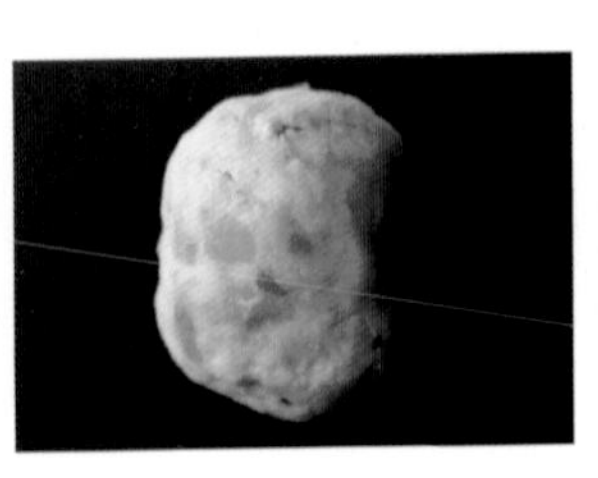
蜂斗菜可樂餅

炸肉餅

丹波烏骨雞可樂餅與烤雞

P13

黑鮑魚入口即化可樂餅

おぐら家

將入口即化的軟嫩內餡填進鮑魚殼當中，
灑上麵包粉以後炸好的可樂餅。
鮑魚切成小方塊來提升口感。

溫度時間：160℃炸3分鐘
預想狀態：以較低溫時間炸久一點。
但注意不能讓柔軟內餡的水分跑掉。

可樂餅內餡（容易製作的分量）
鮑魚、昆布、日本酒
軟餡（磨成泥的山藥600g、雞蛋2個、太白粉100g、沙拉油適量）
低筋麵粉、蛋液、米餅粉＊、炸油

＊以食物處理機將柿種打碎製成。

1 製作可樂餅內餡。先將鮑魚水洗過後排在托盤上並於其上鋪昆布。灑上日本酒、使用大火蒸4小時。將鮑魚從殼上取下後切成小塊。

2 製作軟餡。在鍋中抹上沙拉油，把磨成泥的山藥泥放進去開火翻動。等到山藥泥變得黏稠以後再加入蛋液攪拌。兩者混合在一起以後加入太白粉，以小火攪拌約10分鐘。

3 將鮑魚混入步驟2的軟餡當中，做成可樂餅內餡，填進鮑魚殼中。灑上低筋麵粉以後以刷毛塗上蛋液。再灑上米餅粉，使用160℃炸油緩慢過火。如果溫度過高會導致中心熟透前就燒焦，一定要採用低溫油炸。

4 等到表面呈現金黃色就取出，將其放在大量精製鹽（不在食譜分量內）上，固定好鮑魚殼的位置再上桌。

P14

生海膽與青海苔的米飯可樂餅

おぐら家

將香煎玄米添加在麵衣當中，增添酥脆口感。
海膽與青海苔混在飯當中，
做成一道充滿海水香氣的米飯可樂餅。

溫度時間：160℃炸2分鐘、最後180℃
預想狀態：讓外層確實硬化。

可樂餅內餡
海膽
青海苔
飯
濃口醬油
低筋麵粉、蛋液、麵衣＊、炸油

＊將香煎玄米100g加上白芝麻20g及乾麵包粉10g搭配在一起，使用食物處理機打碎製成。

1 製作可樂餅內餡。飯拌勻以後打散，添加海苔與青海苔迅速攪拌均勻，以濃口醬油稍微調味以後做成1個70g球狀。

2 將飯球灑上低筋麵粉以後過一下蛋液，確實沾好麵衣之後以160℃油炸。最後將油溫提升到180℃再起鍋。

P14

香箱蟹雞蛋可樂餅

おぐら家

將香箱蟹肉與彈性十足的螃蟹卵
混在一起，可以為口感畫龍點睛。
當中添加溫泉蛋的蛋黃能增添濃郁感。

溫度時間：160℃炸4~5分鐘
預想狀態：讓中間的溫泉蛋變得溫熱、花費時間低溫油炸。

香箱蟹、鹽、蛋黃、太白粉
調味雞蛋（雞蛋、濃口醬油60cc、高湯38cc、味醂45cc）
低筋麵粉、蛋液、麵衣（↓P19中段）、炸油

1 使用橡皮筋綁好香箱蟹腳以後，蟹腹朝上放置於托盤、灑上鹽巴後蒸20分鐘。取出冷卻以後，將蟹肉及螃蟹卵取出打散攪拌。

2 製作調味雞蛋。隔水加熱雞蛋，以67℃加熱20分鐘後再打到水裡。去殼後浸在濃口醬油、高湯及味醂混合的醬汁當中2小時。

3 將步驟1打散的蟹肉及螃蟹卵，添加少許黏結用的蛋黃及太白粉後攪拌在一起。

4 取出調味雞蛋的蛋黃，將步驟3的材料灑滿蛋黃表面。以刷毛輕輕刷上一層低筋麵粉，過蛋液之後再沾麵衣。以160℃炸油來油炸。

5 將油瀝乾以後再裝盤，以螃蟹殼裝飾。

P14

麵包粉炸螃蟹

蓮

在打散的蟹肉中加一點黏性，
只用蟹肉做成可樂餅。
為了活用螃蟹本身，不要炸太深色、清爽些。

溫度時間：160℃炸3分鐘、最後170℃
預想狀態：低溫緩慢讓內餡熟透。
油炸顏色要淡。

可樂餅內餡
……打散的蟹肉（燙過）
白魚肉泥、蛋漿＊
低筋麵粉、薄麵糊（低筋麵粉3：玉米粉1：碳酸水1.5）、乾麵包粉（顆粒細緻款）、炸油

＊將1個蛋黃以打蛋器打散以後慢慢加入140cc沙拉油攪拌。有點像是沒有味道的美乃滋。

酢橘

1 製作可樂餅內餡。將白魚肉泥加入少許蛋漿混勻。
2 加入打散的蟹肉攪拌。搭配的比例大約是蟹肉10比步驟1材料1。
3 將步驟2的材料捏成米俵型，一個35g，之後灑上低筋麵粉，過薄麵糊以後灑上乾麵包粉。
4 放進160℃的炸油當中。一邊翻滾蟹肉餅使其顏色不要加深，等到中心熟透以後再提升油溫。
5 將切成圓片的酢橘舖在盤上，放上蟹肉可樂餅。

P14

牡蠣與市田柿奶油可樂餅

おぐら家

蒸熟的牡蠣美味與柿乾的甜度非常搭調。
如果能先把白醬加熱好，
就能夠迅速上桌。

溫度時間：180℃炸40秒
預想狀態：以高溫炸成中心滑稠、外衣麵包粉酥脆。

可樂餅內餡（容易製作的分量）
……牡蠣肉…6個
市田柿（切小塊）…2個量
日本酒…適量
白醬＊
……低筋麵粉、蛋液、乾麵包粉（顆粒細緻款）、炸油

番茄醬（容易製作的分量）
……新鮮番茄…500g
番茄醬…40g
鹽、濃口醬油…各適量
……太白粉…適量

＊將奶油50g融化後翻炒50g低筋麵粉。等到變乾爽之後就加入牛奶500g攪拌均勻。添加適量鹽、白胡椒之後攪拌20分鐘左右完成。

1 製作可樂餅內餡。牡蠣稍微過水洗一下、排在托盤上。灑上日本酒之後以蒸籠蒸過。蒸湯之後要使用，先放在一旁。
2 將步驟1的牡蠣以食物處理機打碎，添加適量蒸湯使其成為濃稠流動狀態。
3 將市田柿及白醬80g加入步驟2的材料當中。
4 製作番茄醬。將新鮮番茄以濾網濾過以後加入番茄醬、鹽、濃口醬油來調味，在火上稍微攪拌一下。慢慢添加以水化開的太白粉使其變為濃稠狀。
5 將步驟3的材料捏成小判形狀，一個70g，灑上低筋麵粉後過蛋液，沾上麵包粉。以180℃炸油來油炸。只要麵衣有熟、中間有熱即可。
6 盛裝可樂餅，淋上番茄醬。

P15

牡蠣奶油可樂餅

ゆき椿

使用燉煮牡蠣的牛奶來製作白醬，
能夠作成濃縮牡蠣美味的可樂餅內餡。

溫度時間：150℃炸3分鐘
預想狀態：因為內餡已經熟了，因此只要加熱就可以。配合奶油醬做個清爽麵衣。

可樂餅內餡（容易製作的分量）
……牡蠣肉…1kg
橄欖油…適量
日本酒…30cc
牛奶…1公升
鹽、白胡椒…各適量
低筋麵粉…150g
奶油…150g
……低筋麵粉、蛋液、生麵包粉、炸油

1. 製作可樂餅內餡。牡蠣肉先以鹽水洗過。用熱水燙過以後瀝乾。
2. 將牡蠣大致上切一下，以橄欖油翻炒並添加日本酒。這時候加入牛乳並注意不能使其沸騰，燉煮20分鐘左右讓美味融入牛乳當中。最後添加鹽與白胡椒稍作調味。
3. 融化奶油來翻炒低筋麵粉，變乾爽以後加入步驟**2**的材料繼續攪拌，製作添加了牡蠣的白醬。
4. 冷卻以後取50g捏成牡蠣的形狀（讓可樂餅在炸好以後看起來像炸牡蠣）灑上低筋麵粉，過蛋液後沾上生麵包粉、以加熱至150℃的炸油來油炸。由於內餡其實已經熟了，因此中間只要有熱就可以。

P15

蛤蜊與春高麗菜可樂餅

ゆき椿

將內餡塞進蛤蜊殼裡去炸的可樂餅。因為想將內餡做得深具蛤蜊的美味，因此雖然會稍微破壞口感，還是花費時間蒸出湯汁來。

溫度時間：150~170℃炸3分鐘
預想狀態：不要讓炸衣顏色太深、輕巧而爽口。

可樂餅內餡（容易製作的分量）
蛤蜊（帶殼）…1kg
日本酒…600cc
春高麗菜…1／2個
蛤蜊蒸湯＋牛奶…合計500g
鹽、黑胡椒…各適量
無鹽奶油…150g
低筋麵粉…150g

低筋麵粉、蛋液、生麵包粉、炸油

1. 製作可樂餅內餡。將蛤蜊放入鍋中，加入大量日本酒、蓋上鍋蓋蒸煮。大約是小火煮20分鐘。將蛤蜊肉取下後切成1cm塊狀。將殼清洗乾淨。
2. 將高麗菜切成四大塊山形，蒸熟以後再將葉片切成1cm等大塊狀。
3. 將蛤蜊蒸湯與牛奶混合在一起開火，沸騰前添加鹽與黑胡椒。
4. 將無鹽奶油放進另一個鍋子裡加熱，融化以後加入步驟**1**的蛤蜊肉與步驟**2**的高麗菜翻炒。添加低筋麵粉攪拌，炒到不會再有飛粉。接著慢慢添加溫熱的步驟**3**材料，以製作白醬的要領、使用木刮刀攪拌完成。盛裝到密封容器當中冷藏保存。
5. 將步驟**4**材料大量填在蛤蜊殼當中，灑上低筋麵粉、過蛋液後確實灑上生麵包粉。
6. 將有麵包粉的那面朝下放入170℃的炸油當中。等到中間已熱、麵衣酥脆便可取出瀝油。盛裝在容器中上桌。

P15

春高麗菜與櫻花蝦可樂餅

おぐら家

使用春季材料，充滿季節感的一道料理。重點就在於內餡的材料要切得稍大些。

溫度時間：170℃炸5分鐘
預想狀態：柿種做成的米餅粉很容易燒焦，因此要使用中溫。內餡的高麗菜和櫻花蝦則要花時間好好炸到熟透。

可樂餅內餡
新馬鈴薯…2個
春高麗菜…1片
生櫻花蝦…50g

白麻油、濃口醬油、日本酒…各適量
低筋麵粉、蛋液、米餅粉（↓P19上段）、炸油

1. 製作可樂餅內餡。將新馬鈴薯以水煮過後剝皮磨成大塊碎片。
2. 將春高麗菜稍微切碎後以麻油炒過。將其與生的櫻花蝦一起拌入步驟**1**的馬鈴薯塊當中，使用濃口醬油、日本酒來稍微調味做成可樂餅內餡。
3. 將步驟**2**的材料捏成1個80g的小判形狀，灑上低筋麵粉後過蛋液，再灑上米餅粉。
4. 使用170℃的炸油炸到酥脆。

P15

黑豆可樂餅

ゆき椿

只使用煮到鬆軟的黑豆製作的簡單可樂餅。切開時當中的黑色令人印象深刻。

溫度時間：150℃炸3分鐘
預想狀態：因為內餡已經熟了，因此炸的時候只需要讓麵衣染成美味酥脆的顏色即可。

可樂餅內餡
- 黑豆、鹽
- 煮湯、味醂…各少許

低筋麵粉、蛋液、生麵包粉、炸油

1 製作可樂餅內餡。首先將黑豆浸泡在大量水中一個晚上泡軟。將豆子連同浸泡的水一起放入鍋中，加鹽烹煮。如果水變少了就補水，煮到豆子變軟。

2 取出豆子（煮湯先放在一邊），使用食物處理機打成泥狀。這時候要慢慢加入煮湯與味醂來調整濃度。

3 將步驟2的材料分為每40g做成一個土俵型，灑上低筋麵粉後過蛋液，再沾上生麵包粉。使用150℃的炸油讓麵衣染上美味的顏色且中間溫熱。瀝油後裝盤。

P16

牛肝菌與干貝的奶油可樂餅

西麻布　大竹

牛肝菌與干貝的美味相輔相成的白醬有著濃郁口味。如果炸的時間太久，很容易破掉，因此要先讓內餡恢復成常溫。

溫度時間：160℃炸4分鐘
預想狀態：以低溫好好炸熟，內餡只要有熱就可以。

可樂餅內餡（容易製作的分量）
- 乾牛肝菌…25g
- 干貝、酒鹽＊
- 洋蔥（剁碎）…1／2個量
- 白醬（奶油50g、低筋麵粉45g、牛奶250cc）
- 鹽、淡口醬油…各適量

低筋麵粉、蛋液、乾麵包粉、炸油

＊將少許鹽溶於日本酒當中製成。

1 製作可樂餅內餡。將乾牛肝菌泡發並剁碎。干貝灑上酒鹽以後烤好撕開。以少許沙拉油（不在食譜分量內）將洋蔥炒過。

2 製做白醬。將奶油放入鍋中開火。融化以後慢慢添加低筋麵粉拌炒，變乾爽之後添加牛乳。以中火繼續攪拌大約20分鐘，加入步驟1的材料攪拌均勻，添加鹽及淡口醬油調味。

3 等到可樂餅內餡冷卻以後，再捏成土俵型，1個60g。灑上低筋麵粉過蛋液後沾上乾麵包粉。

4 以160℃的炸油炸4分鐘，等到內餡中間熱了就取出瀝油。

P16

小倉家可樂餅

おぐら家

以山藥取代一般使用的馬鈴薯。重點在於內餡非常柔軟。如果太過柔軟的話，可以使用適量太白粉來調整。

溫度時間：最初180℃、中途下降到170℃、最後再回到180℃。總共炸5分鐘。
預想狀態：一開始以高溫凝固麵衣、再降低溫度慢慢炸。

可樂餅內餡（容易製作的分量）
- 雞腿絞肉…500g
- 洋蔥（剁碎）…2個量
- 山藥（磨成泥）…2條量
- 太白粉…適量
- 雞蛋…2個
- 精製菜籽油、日本酒、濃口醬油

低筋麵粉、蛋液、米餅粉（↓P19上段）、炸油
綠色沙拉、醬汁

1 製作可樂餅內餡。使用精製菜籽油翻炒雞腿絞肉，以日本酒及濃口醬油調味。洋蔥也快速炒一

下。

2 山藥、步驟**1**的絞肉和洋蔥放在一起加熱。山藥熟了以後就加入蛋液好好攪拌均勻。如果內餡餡料太軟，就添加適量太白粉來調整。柔軟度適中以後就將鍋子放在水中冷卻。

3 將冷卻的內餡捏成每個90g的圓球，灑上低筋麵粉過蛋液後沾上米餅粉，以180℃炸油來油炸。

4 盛裝在器皿上，搭配綠色沙拉及醬料。

P16

竹筍、青椒、紅蘿蔔炸肉餅

西麻布　大竹

混入絞肉當中的筍子及紅蘿蔔能為可樂餅帶來重點口感。混入伍斯特醬的醬油羹也能促進食慾。

溫度時間：175℃炸3分鐘，最後以180℃炸
預想狀態：肉轉為粉紅色以後就提升油溫，在瀝油的時候餘溫會讓肉熟透。

炸肉餅內餡
和牛絞肉…50g
筍子（已洗淨、切為5㎜塊狀）…10g
青椒（切為5㎜塊狀）…10g
紅蘿蔔（切為5㎜塊狀）…5g
鹽…少許
低筋麵粉、蛋液、乾麵包粉、炸油
醬料羹（醬油羹、伍斯特醬）
山椒嫩葉

＊加熱原始高湯250cc，添加濃口醬油50cc、味醂30cc調味，慢慢加入以水化開的葛粉來勾芡。

1 將和牛絞肉放入大碗中揉。添加少許鹽，與筍子、青椒及紅蘿蔔混在一起。

2 捏成小判形狀後灑上低筋麵粉，過蛋液後沾附乾麵包粉，以175℃炸油來油炸。在快要炸好前取出，以餘溫加熱使其熟透。

3 製作醬料羹。將伍斯特醬加入熱騰騰的醬油羹做成醬料。

4 盛裝炸肉餅，在器皿周圍淋上醬料羹，灑上打碎的山椒嫩葉。

P17

蜂斗菜可樂餅

おぐら家

使用蜂斗菜的花萼來包覆可樂餅內餡去炸，一口大小的可樂餅。內餡也放了剁碎的花苞，帶來清爽的春季苦澀。

溫度時間：160℃炸5分鐘
預想狀態：以低溫油好好炸透。若使用高溫會讓花萼燒焦。

蜂斗菜　10個
可樂餅內餡（容易製作的分量→P22下段）
山椒味噌＊
低筋麵粉、蛋液、乾麵包粉（顆粒細緻款）、炸油

＊櫻花味噌1kg、砂糖200g、果實山椒＊＊200g、剁碎的長蔥2根量、剁碎的生薑200g全部放在一起以小火煮20分鐘。
＊＊將青山椒果實煮大約3次使其軟化，再用水洗去澀以後冷凍保存。

1 將蜂斗菜的花苞拔起。花苞剁碎以後放入水中去澀。

2 將步驟**1**的碎花苞混入可樂餅內餡當中。取出20g包入少許山椒味噌後捏成圓形。

3 灑上低筋麵粉、過蛋液後沾麵包粉，把步驟**1**取下的蜂斗菜花萼用來包裹內餡，捏回蜂斗菜的形狀。

4 以160℃炸油慢慢炸步驟**3**的材料。取出瀝油之後裝盤。

P17

炸肉餅

ゆき椿

為了讓人能夠直接品嘗其美味，內餡要好好調味。油脂較少的絞肉很容易散開來，因此要好好利用餘溫來加熱。

溫度時間：150℃炸5分鐘
預想狀態：使用中溫好好油炸。最後以餘溫讓內餡完全熟透。

炸肉餅內餡（容易製作的分量）
豬絞肉…500g
雞蛋…1個
洋蔥（剁碎）…中1個量
橄欖油
鹽、胡椒
低筋麵粉、蛋液、生麵包粉、炸油
鹽、黃芥末

1 製做炸肉餅內餡。以橄欖油好好炒過洋蔥後放涼。將油脂較少的豬絞肉、蛋液、炒過的洋蔥混合在一起，揉到出現黏性為止，加入鹽、胡椒調成適當的口味。

2 將餡料捏成1個90g的小判形狀，灑上低筋麵粉過蛋液後，確實沾滿生麵包粉，以150℃的油來油炸。

3 慢慢炸，注意不能讓表面燒焦，但必須讓中間的肉火侯充分。取出之後瀝油，搭配鹽和黃芥末上桌。

P17

丹波烏骨雞可樂餅與烤雞

楮山

將1整隻雞做成可樂餅與烤雞，並且搭配在一起。套餐當中的主菜經常會做成有些西洋料理風格。烤雞分量大約是8人左右。

溫度時間：可樂餅為170℃炸3分鐘
酢漿草使用170℃炸2~3分鐘
預想狀態：可樂餅內餡必須好好炸熟。
酢漿草要注意不能烤焦。

可樂餅內餡（容易製作的分量）
雞腿絞肉…200g
鹽…6g
雞蛋…1／2個
剁碎的香草（蒔蘿、細菜香芹、龍蒿）…適量
低筋麵粉、蛋液、乾麵包粉（顆粒細緻款）、炸油
烤雞
雞腿肉、鹽、胡椒
雞胸肉（帶骨）
沙拉油、大蒜（切薄片）
雞高湯醬＊
紅蘿蔔果漿＊＊
酢漿草、炸油
煸炒豌豆

＊將6kg雞雜剁碎以後放入200℃烤箱燒烤。在另一個鍋中放入切成扇形的芹菜、紅蘿蔔、洋蔥共3kg以沙拉油拌炒，有顏色以後加入番茄果漿200g繼續翻炒。放入烤好的雞雜之後加入水30公升煮到沸騰。沸騰以後將火轉小熬煮8小時左右。過濾以後繼續煮到剩下1／3（A）。另外再烹煮料理用瑪莎拉酒，加入白酒以後繼續燉煮，添加到A當中做為醬料。

＊＊將剁碎的1／2個洋蔥以沙拉油拌炒蒸發水分以後，加入切成3㎜塊狀的紅蘿蔔300g繼續拌炒，一直炒到水分完全乾燥。倒入牛奶蓋過材料，加入鮮奶油100cc、鹽與砂糖調味後以食物攪拌機打碎。

1 製作可樂餅內餡。將雞腿肉做成絞肉捏成肉餅，添加鹽、蛋液、香草攪拌均勻後去除空氣。

2 將內餡捏成1個40g灑上低筋麵粉，過蛋液後灑上乾麵包粉，以170℃炸油來油炸。

3 使用170℃的油來素炸酢漿草2~3分鐘。

4 烤雞。去除雞腿骨以後夾進切成薄片的大蒜，灑上少許沙拉油後放入真空袋中，抽真空放置1天。

5 將雞腿肉取出，灑上鹽、胡椒，將雞皮面朝上放在烤網上，以200℃烤箱加熱2分鐘，取出之後靜置10分鐘。重複以上烤後靜置的步驟**8**次，雞肉便已熟了九成。

6 將少許沙拉油灑在雞胸肉上並把蒜片放在肉上。以鋁箔包好雞骨面後放入真空袋中，抽真空放置1天。

7 將雞胸肉連同真空袋一起放入鍋中放水開小火。保持在52℃以下隔水加熱1個半小時。取出之後去掉雞骨。

8 將步驟**5**的雞腿肉與步驟**7**的雞胸肉灑上鹽、胡椒後以平底鍋煎好雞皮面。

9 將雞高湯醬倒入器皿中、放上切成薄片的烤雞肉及可樂餅。加上紅蘿蔔果漿、素炸好的酢漿草、新鮮酢漿草、煸炒豌豆。

第一章 魚貝類

油炸物

紅燒大瀧六線魚

久丹

這道菜色使用大瀧六線魚的魚雜做成甜味醬汁，淋在炸好的大瀧六線魚上。將片好的魚以菜刀畫幾道痕跡，就能增添柔嫩口感，也比較容易熟透。

溫度時間：160℃炸3分鐘、最後180℃
預想狀態：中間鬆綿、表面酥脆。

大瀧六線魚…1片（35g）
低筋麵粉、米餅粉＊、炸油
鹽
醬汁（日本酒1：水1、味醂、砂糖、濃口醬油、醬油膏各適量、
大瀧六線魚的魚雜）
綠蘆筍、柚子皮

＊將口味較淡的米餅磨碎成粉末製成。

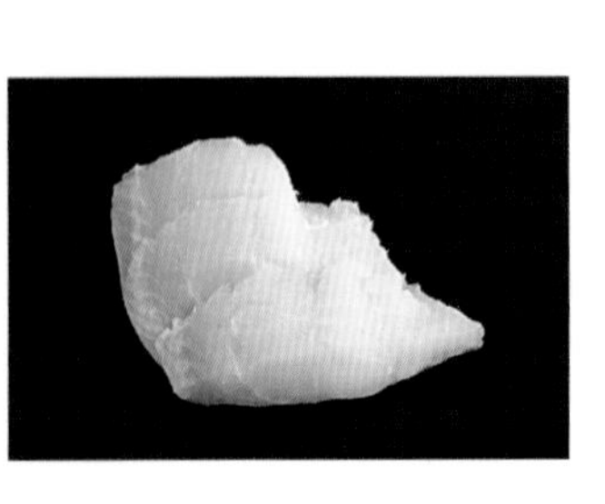

1 準備醬汁。先將等量日本酒與水混合以後，添加味醂、砂糖、濃口醬油、醬油膏調出些許味道以後煮沸。沸騰後加入魚雜繼續滾煮5分鐘左右使其更加美味。之後靜置冷卻然後過濾。

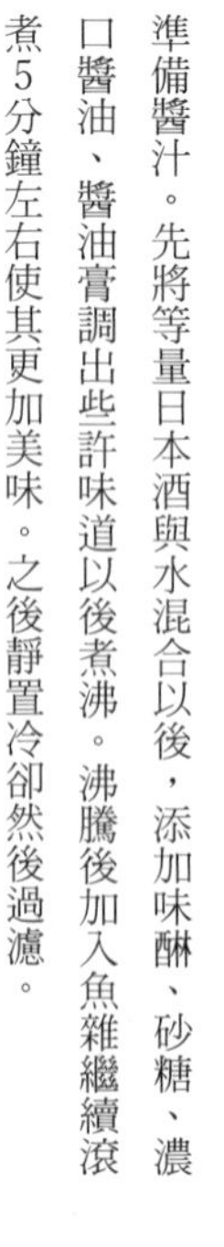

2 將大瀧六線魚片好以後去皮。仔細拔除魚刺，切為35g的魚肉片，再用菜刀深刻三條線。

3 將步驟2的大瀧六線魚灑上低筋麵粉後稍微噴點水，薄薄灑上一層米餅粉。放入160℃的炸油，等到大瀧六線魚澎起表示熟透，最後再將油溫提升到180℃將表面炸得酥脆後起鍋。灑上鹽。

4 加熱步驟1的醬汁，將綠蘆筍切成容易食用的大小後放入醬汁一起加熱。

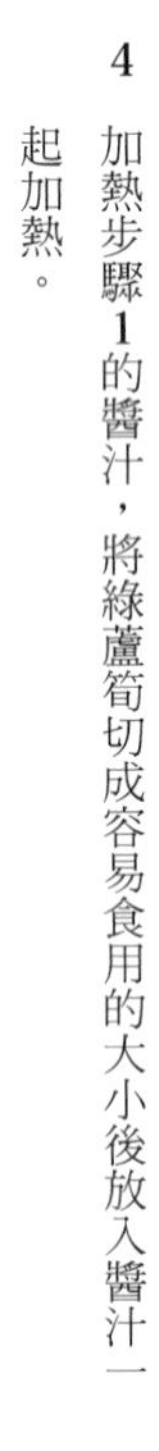

5 將大瀧六線魚盛裝在器皿並添上蘆筍。將步驟4的醬汁淋上去，最後放上柚子皮絲。

麵包粉炸竹筴魚紫蘇

楮山

只使用蔬菜甘甜及檸檬汁酸味和鹽巴來搭配竹筴魚，與調味醬料一起食用非常清爽。既是炸竹筴魚、又有著南蠻漬風味的夏季油炸料理。

「**溫度時間**：180℃炸3分鐘
預想狀態：將竹筴魚肉炸得非常鬆綿而蓬鬆。」

竹筴魚、鹽、胡椒
低筋麵粉、蛋液、紫蘇麵包粉＊、炸油
蔬菜醬料
……小黃瓜、番茄、洋蔥
……鹽、檸檬汁
花穗紫蘇

＊將乾麵包粉與煮過的紫蘇以食物處理機打成細粉，鋪開來乾燥。

1　將竹筴魚片好。把一半的魚肉切成兩片，灑上鹽、胡椒。
2　將低筋麵粉灑在竹筴魚上，過蛋液後沾附紫蘇麵包粉。以180℃的炸油將竹筴魚炸到魚肉蓬鬆。注意不要讓紫蘇的顏色褪去，要多次翻面。
3　先準備好蔬菜醬料。將小黃瓜、以熱水汆燙去皮的番茄、洋蔥都剁碎，以鹽及檸檬調味。
4　將竹筴魚盛裝在器皿上，撕碎花穗紫蘇灑上。另外附上蔬菜醬料。

馬頭魚與九條蔥的南蠻燒

蓮

馬頭魚最後有一道烹煮的工夫，
因此在炸的時候要讓麵衣炸得硬些保留口感。

溫度時間：170℃炸4分鐘
預想狀態：像是蒸馬頭魚那樣，讓魚肉膨脹起來的感覺，麵衣炸得硬一些。

馬頭魚、鹽
太白粉、炸油

南蠻醬汁（容易製作的分量）
- 高湯…250cc
- 淡口醬油…30cc
- 味醂…5cc
- 醋…20cc
- 砂糖…20cc
- 紅辣椒…少許

九條蔥（斜切）

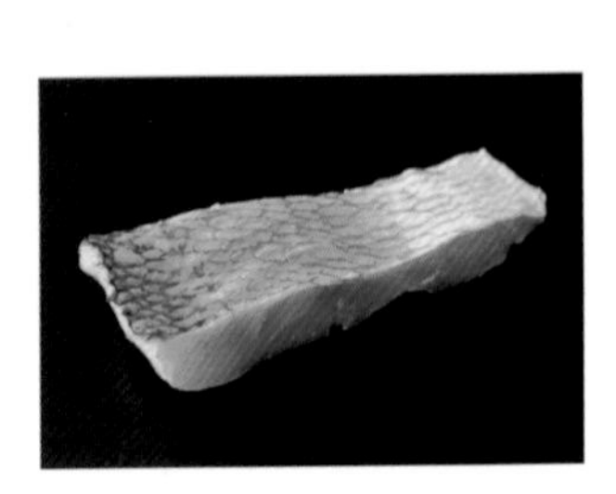

1 將馬頭魚切成1片40g，抹上薄薄一層鹽之後靜置1小時，讓水分大多散去。

2 將太白粉以緊握的方式固定在馬頭魚肉片上，放入170℃的油中炸。最好炸成外層硬脆、內部鬆軟的狀態。

3 瀝油之後趁熱放入南蠻醬汁當中烹煮約30秒，最後放入九條蔥搭配。

4 將馬頭魚及九條蔥盛裝到盤中，倒入南蠻醬汁。

炸馬頭魚鱗

西麻布　大竹

並非單純淋上熱油使魚鱗立起，而是將素炸的馬頭魚魚鱗作為麵衣的油炸馬頭油。魚鱗要用高溫炸兩次。

溫度時間：魚鱗使用180℃炸2次。馬頭魚以170℃炸3分鐘

預想狀態：麵衣的魚鱗要炸到酥脆、完全失去水分。馬頭魚要炸熟。

馬頭魚、鹽
低筋麵粉
麵糊（蛋白1個量、太白粉10g）
馬頭魚的魚鱗
炸油
酢橘

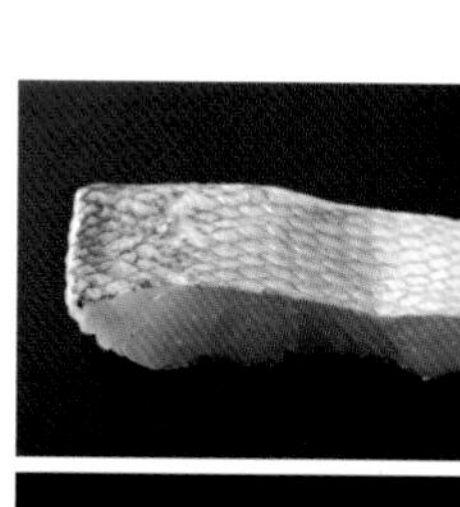

1 將馬頭魚的魚鱗刮下，擦乾魚鱗的水分。放入180℃的油中油炸去除水分。為了不使其燒焦，取出來瀝油之後，再次以180℃油炸到酥脆。放在廚房紙巾上瀝油，在常溫中冷卻。

2 將馬頭魚片好之後，灑上一層薄鹽靜置10分鐘。之後切成約4cm左右的魚肉片。

3 準備麵糊。將蛋白打到八分左右，混入太白粉。

4 以刷毛將低筋麵粉灑在馬頭魚肉片上，塗上步驟**3**的材料後灑上步驟**1**的鱗片，以170℃油炸約3分鐘左右。注意不能讓魚鱗燒焦，並且要讓馬頭魚熟透。

5 取出之後瀝油，連同酢橘一起盛裝上桌。

油炸馬頭魚鱗

楮山

馬頭魚細緻的魚鱗一般會剔除，
但此道料理則直接放下去油炸，再放入烤箱中瀝油，
採取從魚肉面加熱魚肉的手法。

「溫度時間：180℃炸4分鐘，之後使用200℃烤箱加熱3分鐘
預想狀態：以會讓魚發出霹靂啪啦聲響的高溫，
短時間內去除魚鱗水分使其酥脆。」

馬頭魚、鹽
炸油
糖漬蘋果
……蘋果
……糖漿（酢橘果汁10：薑汁2：砂糖3～4）

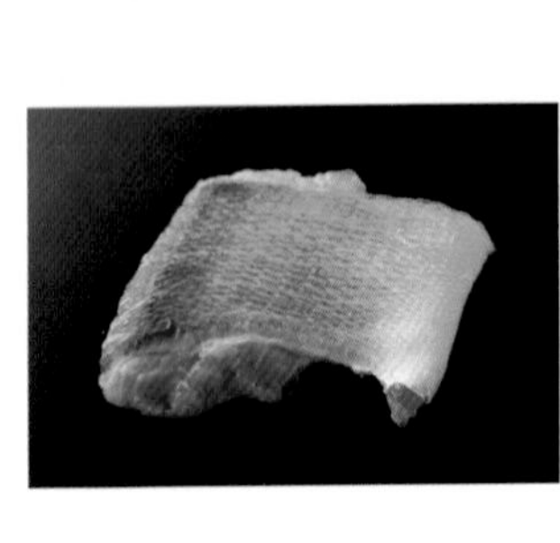

1 將馬頭魚片好以後切成60g的魚肉片，灑上鹽巴。在平底鍋中注入足以蓋過魚鱗的油後加熱鍋子。

2 等到油溫夠高（大約是快要冒煙的程度），就將魚鱗面朝下放入鍋中。最好是會聽到發出霹靂啪啦聲響的溫度。大約3～4分鐘，魚鱗就會豎起。

3 將馬頭魚從油中取出，魚鱗面朝上，放進200℃的烤箱加熱約3分鐘，瀝油，這樣魚肉就會熟透。

4 製作糖漬蘋果。將帶皮蘋果直接切成8片。將蘋果及糖漿放入真空袋中，靜置1天。

5 將剛炸好的馬頭魚盛裝在盤上，並添上已切成容易食用大小的糖漬蘋果。

香魚捲牛蒡

楮山

以豆腐麵衣夾住香魚再用牛蒡包起來。
香魚及豆腐麵衣都非常柔軟、能夠一起在口中品嚐。
牛蒡炸過以後會更添香氣。

溫度時間：香魚牛蒡捲要用170℃炸3分鐘
牛蒡以170℃炸5分鐘
預想狀態：讓牛蒡完全失去水分而香脆。

香魚
豆腐麵衣（容易製作的分量）
- 木棉豆腐…1塊
- 芝麻糊…1大匙
- 砂糖…3大匙
- 淡口醬油…5cc
- 鹽…1小匙
- 木耳（切絲）…50g

牛蒡
炸油
豆瓣菜

1. 使用削刀將牛蒡削成薄長條狀並水洗。
2. 製作豆腐麵衣。擠壓木棉豆腐瀝水，放入食物攪拌機後與其他材料一起打碎。等到質感變得非常滑順以後再添加切絲的木耳。
3. 將香魚片好以後以10g步驟2的麵衣包起，並將步驟1的牛蒡捲在外層。
4. 剩下的牛蒡以廚房紙巾擦乾靜置。
5. 將炸油加熱到170℃以後，把步驟3的牛蒡捲放入炸約3分鐘後瀝油。

6. 將步驟4的牛蒡以170℃炸5分鐘，等到水分完全蒸發、變為略帶棕色後就取出，趁熱以手調整形狀。
7. 將步驟6的牛蒡盛裝在盤中，再放上步驟5的牛蒡捲，最後灑上豆瓣菜。

幼香魚與香料嫩葉沙拉

まめたん

使用了略帶苦味的幼香魚，以及口感辛辣的香料嫩葉，是非常爽口、適合初夏時節的沙拉。

溫度時間：１８０℃炸30秒
預想狀態：注意不要讓幼香魚太老，炸之後要留下蓬鬆感。

幼香魚
低筋麵粉、麵衣（低筋麵粉、蛋黃、水）、炸油
山椒粉

香料嫩葉（莧、四川花椒菜＊）
醬汁（濃口醬油１：味醂１、柚子胡椒少許）

＊是一種與花椒非常相似，帶麻辣口感的香料嫩葉。

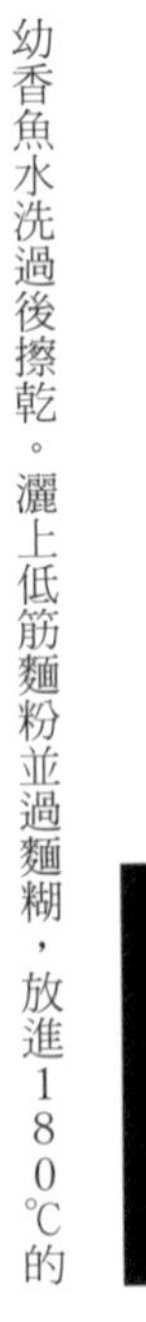

1 幼香魚水洗過後擦乾。灑上低筋麵粉並過麵糊，放進１８０℃的油中油炸。瀝油後灑上山椒粉。幼香魚非常柔軟，因此可以連頭一起吃。
2 將等量濃口醬油與味醂一起烹煮，融入少許柚子胡椒作成醬汁。
3 將嫩香魚和香料嫩葉一起擺放至器皿中做成沙拉。
4 淋上醬汁。

嫩香魚麵線

蓮

在客人面前將剛炸好熱騰騰的香魚天婦羅，唰地放到冰涼的麵線上，能讓客人享用溫度差異，是特別適合割烹料理的菜色。

「溫度時間：170℃時下鍋，再將溫度提升到180℃炸2分半
預想狀態：不需要炸得鬆軟，希望能夠去除水分使其酥脆。」

嫩香魚（活的）…3條
低筋麵粉、薄麵糊（低筋麵粉3：玉米粉1：碳酸水1.5）、炸油

半田麵線
麵線用高湯（高湯300cc、淡口醬油30cc、味醂10cc、添香用柴魚）
佐料（剁碎的茗荷、鴨頭蔥、生薑各適量）

譯註：添香用柴魚是指將乾燥柴魚放在料理當中增添其香氣，但並不會食用柴魚本身。

1 先準備好麵線用高湯。將材料當中的調味料放在一起加熱，沸騰以後放上添香用柴魚並關火。過濾後冷卻。

2 以熱水煮半田麵線2分鐘後以水沖洗，然後用冰涼的麵線用高湯洗過。將半田麵線盛裝到器皿中並倒入麵線用高湯。

3 將幼香魚擦乾後灑上低筋麵粉，過薄麵糊後輕輕放入170℃的炸油當中。慢慢將油溫提升到180℃、炸約2分半左右，炸到去除大部分水分而酥脆。

4 最後油溫升到180℃會比較清爽再起鍋。如果是使用活的香魚，就能炸成活力十足的模樣。

5 將熱騰騰的嫩香魚放在步驟2的麵線上，灑上佐料後上桌。

鮑魚胡麻豆腐搭鮑魚肝羹

西麻布　大竹

添加了鮑魚泥的芝麻豆腐，
不要炸到它變色就起鍋，另外附上鮑魚肝羹。
麵衣只有薄薄一層、非常清爽。

溫度時間：170℃炸3分鐘
預想狀態：表面酥脆、內餡滑嫩。

鮑魚芝麻豆腐（容易製作的分量）
鮑魚…鮑魚肉100g
白芝麻…100g
昆布高湯…600cc
葛粉…150g
鹽…少許
砂糖…少許
葛粉、炸油
鮑魚肝羹（鮑魚肝、第一道高湯、濃口醬油、葛粉）
綠蘆筍、白蘆筍
辣椒粉

1　製作鮑魚芝麻豆腐。將鮑魚連殼蒸3小時左右，之後把鮑魚肉和鮑魚肝分開。將鮑魚肉與昆布高湯一起放入攪拌機打碎。

2　將白芝麻打成泥狀，與步驟1的材料混在一起。之後放入鍋中，添加葛粉並開中火繼續攪拌。以鹽巴稍微調味後添加少許砂糖，材料變得滑順就倒進模具中使其冷卻成型。

3　將步驟2切成40g大小並灑上葛粉，以170℃油炸，盡可能不要使其變色，炸大約3分鐘後起鍋瀝油。

4　準備鮑魚肝羹。將步驟1的鮑魚肝壓碎過濾後以第一道高湯化開並加熱，以濃口醬油調味。添加以水化開的葛粉來增添濃度。

5　將鮑魚肝羹倒進器皿中並放上鮑魚芝麻豆腐，再放上稍微燙過後切成斜片的綠蘆筍與白蘆筍。最後灑上辣椒粉。

炸鮟鱇魚搭鮟鱇魚肝醬

おぐら家

炸鮟鱇魚搭配鮟鱇魚肝的醬汁。
依據鮟鱇魚的部位來改變油炸方式，
就能夠展現出不同的風味。

溫度時間：魚肉以180℃炸2分鐘。魚鰭以180℃炸10分鐘
預想狀態：水分多的鮟鱇魚肉為了使其保持多汁，要以餘溫來熟透。
魚鰭則多花點時間去除水分，
炸得酥脆些（類似油炸蝦頭的方式）。

鮟鱇魚的魚肉及魚鰭、鹽
太白粉、炸油

鮟鱇魚肝醬（容易製作的分量）
鮟鱇魚肝⋯500g
滷汁（高湯9：濃口醬油1：
日本酒1：味醂1）

1 將鮟鱇魚片好以後切為40g大小的魚肉片。魚鰭洗到變成白色。將鹽灑在魚肉及魚鰭上靜置30分鐘使其水分蒸發。

2 準備鮟鱇魚肝醬。去除鮟鱇魚肝上的粗血管、為了去澀先稍微灑點鹽（不在食譜分量內）靜置30分鐘。

3 將步驟**2**的鮟鱇魚肝以水清洗之後浸泡在日本酒（不在食譜分量內）30分鐘。將滷汁的材料搭配在一起加熱。沸騰之後放入鮟鱇魚肝並維持在80℃燉煮1小時。直接靜置冷卻後，將鮟鱇魚肝以食物處理機打成泥狀作為醬料。

4 將太白粉灑滿鮟鱇魚肉及魚鰭，放入預熱到180℃的炸油中油炸。魚肉先取出使其保持多汁，魚鰭則多花點時間炸到酥脆。

5 將步驟**4**的鮟鱇魚肉及魚鰭盛裝到器皿裡，附上步驟**3**的醬料。最後用鮟鱇魚的牙齒做裝飾。

炸軟絲腳搭生薑羹

久丹

墨魚熟了之後就容易變硬，
但軟絲的特徵則在於不會變硬。
生薑和烏賊類都很對味，
多加一點在熱騰騰的羹中風味絕佳。

溫度時間：180℃炸2分鐘
預想狀態：以天婦羅麵衣包覆，將軟絲腳炸到鬆軟。

軟絲腳（切大塊）
低筋麵粉、天婦羅麵糊（低筋麵粉、水）、炸油
生薑羹
……高湯10：淡口醬油1：味醂1
……生薑泥
……葛粉
細蔥（切小段）

1 將軟絲腳灑上低筋麵粉，過天婦羅麵糊後放入180℃的炸油中油炸。使用高溫油炸能讓軟絲腳仍維持鬆軟。

2 製作生薑羹。將高湯、淡口醬油、味醂、生薑泥全部放在一起加熱，沸騰之後慢慢加入以水化開的葛粉來增添濃度。

3 將軟絲腳天婦羅盛裝在器皿當中，淋上生薑羹。灑上細蔥。

炸魚醬醃漬軟絲腳

ゆき椿

將烏賊腳浸泡在烏賊做的魚醬當中再油炸。沒有比這更對味的。長時間浸泡會讓味道變非常重，要多加注意。

溫度時間：150～160℃炸2分鐘
預想狀態：為了讓烏賊腳留下酥脆口感及香氣，要適度去除水分。

軟絲腳
滷汁（魚醬30cc、味醂30cc、日本酒15cc）
太白粉、炸油

譯註：此處特指日本石川縣所產的魚醬。

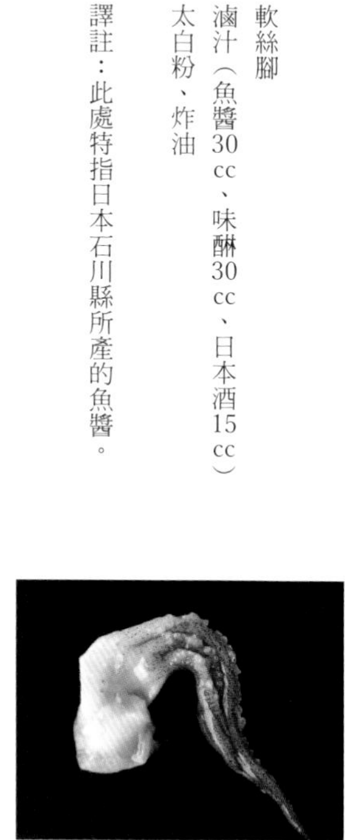

1 將軟絲腳泡在調好的魚醬當中30分鐘。如果浸泡1小時會讓味道太濃。
2 擦乾以後以緊捏方式將太白粉確實固定在軟絲腳上，放入150～160℃的炸油當中炸到酥脆。
3 起鍋瀝油，盛裝至器皿上。

蘿蔔泥龍蝦

蓮

將龍蝦連殼油炸，讓焦香轉移到肉上。
為了不讓龍蝦肉的口味變差，在蘿蔔泥中添加溫和的昆布。

溫度時間：170℃炸1分鐘
預想狀態：為了避免殼燒焦因此包上麵衣，讓殼能散發香氣。
在餘溫能夠讓龍蝦肉熟透的情況下就取出。

龍蝦
低筋麵粉、麵糊（低筋麵粉3：玉米粉1：碳酸水1.5）、炸油

羹（容易製作的分量）
高湯…300cc
淡口醬油…40cc
味醂…20cc
葛粉…適量

蘿蔔泥＊

＊將蘿蔔磨成泥以後，稍微瀝水再添加高湯，放進添香用昆布靜置半天。

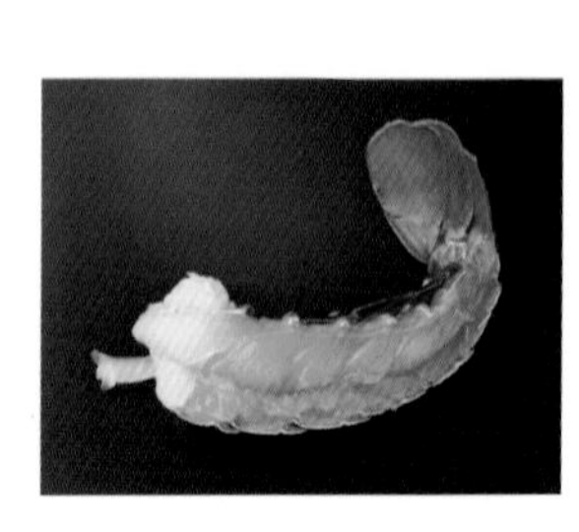

1 將龍蝦去腳及頭部後擦乾。灑上低筋麵粉並沾上麵糊，以170℃的炸油炸1分鐘。

2 取出之後以餘溫使其熟透，將殼剝下並把龍蝦肉切成容易食用的大小，與炸過的殼一起裝盤。

3 製作羹。將淡口醬油及味醂加進高湯當中加熱，再慢慢添加以水化開的葛粉增添濃度。將瀝乾的蘿蔔泥放入羹中一起加熱。

4 將步驟3的羹淋在步驟2的龍蝦上完成。

炸銀杏年糕蝦

分とく山

色彩鮮豔的蝦子紅色與銀杏餅的黃色對比非常美麗。
彈牙的銀杏餅口感與
酥脆的麵衣帶來不同口感。

溫度時間：170℃炸1~1分半，最後180℃
預想狀態：要讓銀杏餅熟透。

蝦子、低筋麵粉
銀杏餅
- 銀杏泥*…30g
- 湯圓粉…30g
- 水…10cc
- 鹽…少許

低筋麵粉、天婦羅麵糊（低筋麵粉50g、雞蛋1／2個、水100cc）、炸油
鹽

*將銀杏殼及果皮剝掉之後直接以濾網壓碎過濾製成。

1 將蝦子去頭以後去背砂、將殼剝掉。以濃度1%的鹽水（不在食譜分量內）清洗之後擦乾，從腹部剖開。
2 製作銀杏餅。將銀杏泥、湯圓粉、水放在一起調合，以鹽稍微調味。
3 將步驟1的蝦子內側以刷毛輕輕刷上低筋麵粉，夾住銀杏餅。
4 將步驟3的材料灑上低筋麵粉，過天婦羅麵糊之後以170℃油炸。等到膨脹且浮起來以後，就將油溫提升到180℃然後取出瀝油。最後灑上一些鹽就完成了。

炸青蝦與竹筍佐細香蔥

まめたん

嫩筍在日本的北東北被稱為「ひろっこ」（HIROKKO）。這是1月左右開始出現的食材，將其沾上天婦羅麵糊油炸，另外也讓細蔥帶出焦香。

白蝦與海膽的磯邊炸

根津たけもと

為了要帶出白蝦與海膽的甘甜，最好要讓材料熟透。起鍋之後過了一段時間會變潮，因此不要用餘溫加熱，炸完必須立即上桌。

日本對蝦真薯湯

西麻布　大竹

日本對蝦切得大塊些，添加真薯麵糊能夠帶出其彈性口感。如果做成湯品，通常都會用烹煮的，但用炸的能讓口感更好，且讓湯頭更加濃郁。

[illegible]：真薯是日本一種料理方式，將蝦子或魚、肉磨碎以後，添加山藥或蛋白、高湯等做成泥狀，再進行調理。本書中有多道料理會使用此手法。

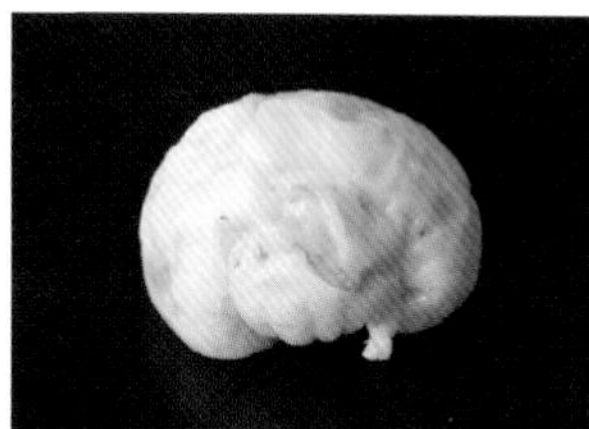

炸青蝦與竹筍佐細香蔥

まめたん

溫度時間：170℃炸1.5分鐘↓餘溫1分鐘↓170℃炸1.5分鐘↓餘溫1分鐘，合計共5分鐘
預想狀態：以中溫來炸，中途取出幾次，以餘溫讓中間熟透。

青蝦、白魚肉泥少許
竹筍（已去澀、切小塊）
生薑（剁碎）
低筋麵粉、天婦羅麵糊（低筋麵粉、蛋黃、水）、細香蔥嫩芽
炸油

高湯醬油、山椒嫩葉

1 將青蝦去頭去殼以後去背砂。以刀背將其碾碎。將碾碎的青蝦肉與竹筍、生薑、白魚肉泥混在一起。

2 將材料揉成1個25g，灑上低筋麵粉並過天婦羅麵糊。沾上細香蔥嫩芽後，放進170℃的油炸1分半左右。

3 取出後利用餘溫加熱約1分鐘。再次放進170℃的油炸1分半鐘。取出之後靜置1分鐘以餘溫使其熟透。

4 將煮過的竹筍皮拿起來，炙燒斷面使其產生香氣，用來盛裝步驟3的成品。淋上高湯醬油後灑上山椒嫩葉。

白蝦與海膽的磯邊炸

根津たけもと

溫度時間：170℃炸5分鐘，最後稍微提高溫度
預想狀態：中間的白蝦與海膽要熟透。不要讓內餡半生不熟，要讓人食用的時候能夠有蝦子彈性口感。

白蝦
海膽
海苔（4cm×8cm方形）
天婦羅麵糊（低筋麵粉、雞蛋、水）、炸油

鹽、七味辣椒粉

1 將海膽放在海苔上，並放上大約15隻白蝦。為了讓海苔好捲些，可以稍微噴點水。

2 以抓起海苔的方式捲起，過天婦羅麵糊後以170℃油炸。5分鐘內維持170℃，最後稍微提高點溫度再取出。

3 灑上鹽後立刻上桌。最後灑上七味辣椒粉。

日本對蝦真薯湯

西麻布　大竹

溫度時間：175℃炸2分鐘
預想狀態：讓表面成為平均的金黃色。

日本對蝦真薯湯
……日本對蝦…2條
白魚肉泥…100g
水、小麥澱粉、磨成泥的薯蕷…各少量
炸油

湯底（第一道高湯、鹽、淡口醬油）
獨活、荷蘭豆、玉米筍
醬底（高湯50cc、鹽2g、淡口醬油、味醂各少許）
花柚

1 製作日本對蝦真薯湯。將日本對蝦去頭去殼後切為1.5cm大小。將水、小麥澱粉、磨成泥的薯蕷加進白魚肉泥當中攪拌在一起，然後加入對蝦。

2 將玉米筍、獨活、荷蘭豆快速氽燙一下。玉米筍和獨活放在醬底當中浸泡。荷蘭豆則浸泡在淡鹽水中（不在食譜分量內）。

3 將步驟**1**的材料揉成球狀，使用175℃的炸油炸大約2分鐘後瀝油。要讓表面呈現淡金黃色且酥脆。

4 將步驟**3**的炸球放入碗中，倒入熱騰騰的湯底，放入獨活、荷蘭豆、玉米筍，並灑上花柚。

炸香煎牡蠣

分とく山

牡蠣使用脫水墊去除水分，使其口味濃縮以後再炸。將鹽味煎餅處理為細碎狀態當成麵衣，使其更加香酥。

牡蠣 四萬十海苔磯邊炸

まめたん

選擇大顆的牡蠣，包覆能夠強調出四萬十海苔的麵衣後做成比較特別的油炸料理。由於麵衣也非常美味，因此飛散在鍋中迅速炸一下，再撈起來灑上去更顯華麗。就算只有麵衣也足以當成下酒菜的美味料理。

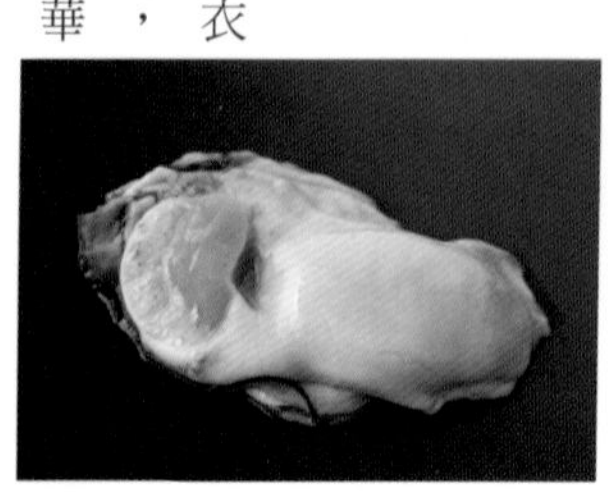

炸牡蠣與青海苔、蓮藕

おぐら家

牡蠣會變得比較不容易熟，
不過還是把重點放在將蓮藕切厚一些，
使其展現出鬆軟口感。

炸牡蠣湯品

西麻布　大竹

將已經熟透的牡蠣油炸浸泡在醬底中。
不要把麵衣炸得顏色太深，口感會比較好。
讓搭配的高湯也多點油脂的濃郁感。

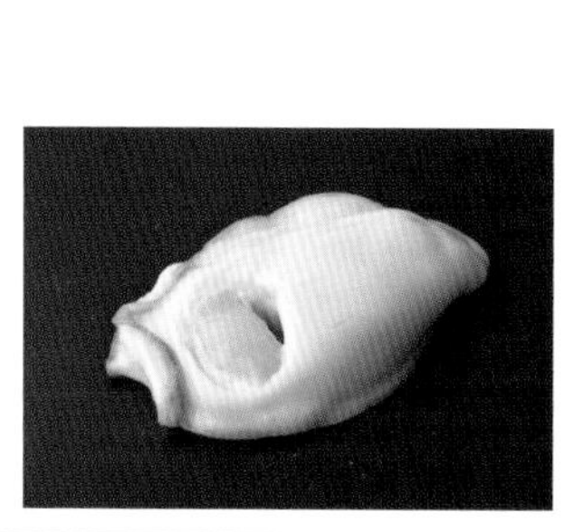
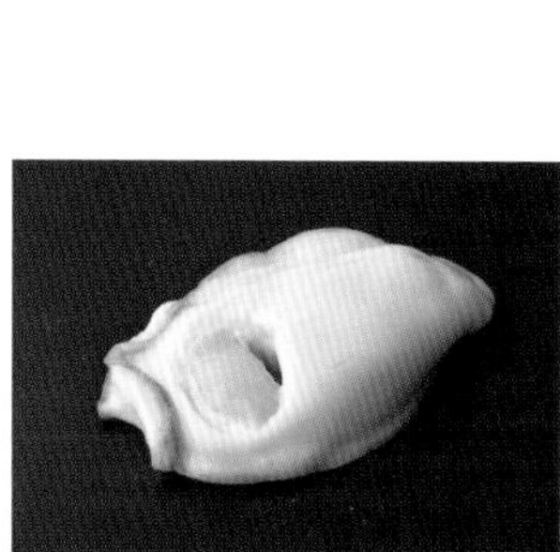

炸香煎牡蠣

分とく山

「溫度時間：170℃炸2分鐘
預想狀態：以稍低溫的油讓牡蠣確實熟透。
注意不要讓麵衣焦掉。」

去殼牡蠣
鹽水（鹽分濃度1％）
低筋麵粉、蛋白、鹽味煎餅、炸油
酸橘

1 以鹽水清洗牡蠣後擦乾，夾在脫水墊之間2～3小時去除水分，使其味道較為濃縮。

2 將鹽味煎餅放入塑膠袋中以擀麵棍打成細碎狀態。也可以用食物處理機打碎。

3 將牡蠣沾滿低筋麵粉後拍落多餘麵粉，過已經去蛋黃的蛋白液。灑上步驟2的煎餅粉末後以170℃炸油炸到熟。取出之後瀝油、並添上酸橘上桌。鹽分只要有煎餅的部分就足夠了。

牡蠣 四萬十海苔磯邊炸

まめたん

「溫度時間：185℃炸幾十秒
預想狀態：將水分較多的牡蠣以較稠的麵衣包裹，
以高溫短時間在牡蠣尚未縮起時炸好，以餘溫使其熟透。」

牡蠣、鹽
低筋麵粉、磯邊炸麵糊（四萬十海苔、低筋麵粉、蛋黃、水）
炸油
卡馬格地區的鹽

1 將牡蠣去殼以後以鹽巴搓洗。擦乾之後灑滿低筋麵粉、過磯邊炸麵糊。磯邊炸麵糊是將乾燥的四萬十海苔，拌進調比較稠的天婦羅麵糊當中製成。因為牡蠣的水分較多，因此麵糊最好稠一些。

2 將步驟1的牡蠣放進預熱至185℃的炸油當中，等到麵衣固定後就取出。要在多汁的牡蠣尚未縮水時使用大火炸得酥脆便取出，以餘溫讓牡蠣熟透。

3 將散落在鍋中的磯邊炸麵糊也撈起瀝油，放在牡蠣磯邊炸上。灑上卡馬格地區的鹽。

炸牡蠣與青海苔、蓮藕

おぐら家

溫度時間：160℃炸3分半鐘、最後180℃
預想狀態：一開始要先留心不能燒焦、讓餡料面確實固定。
蓮藕要炸到鬆軟，最後讓餡料酥脆。

蓮藕（切為5㎜厚圓片）
餡料（牡蠣肉、青海苔、滾刀切小塊的蓮藕）
鴨兒芹（大致上切一下）
低筋麵粉、蛋液、天婦羅麵糊（低筋麵粉、蛋黃、水）、炸油

1 製作內餡。將牡蠣快速水洗一下擦乾。以菜刀剁碎之後與青海苔拌在一起。滾刀切小塊的蓮藕也打碎混入，取20g放在切成圓片的蓮藕上。灑上鴨兒芹。

2 以刷毛將低筋麵粉灑在內餡上、塗上蛋液後沾天婦羅麵糊，內餡朝下放入160℃的炸油中油炸。

3 等到內餡固定以後就翻過來炸蓮藕。再翻回去提高溫度把內餡炸得酥脆。

4 照片上是以看到斷面的方式裝盤，不過也可以切成容易食用的大小，並擺成蓮藕的樣子上桌。

炸牡蠣湯品

西麻布　大竹

溫度時間：175℃炸4分鐘
預想狀態：讓牡蠣的表面部分散失水分而酥脆。

去殼牡蠣…2顆
鹽、太白粉、炸油
搭配湯頭（第一道高湯300cc、淡口醬油30cc、濃口醬油30cc、味醂20cc）
蘿蔔泥、青蘇嫩葉*、辣椒絲

*此指紫酥嫩葉。

1 將去殼的牡蠣肉擦乾以後灑上少許鹽巴。以緊握方式讓牡蠣沾滿太白粉，以175℃炸油來炸。把麵衣炸得酥脆。

2 準備搭配的湯頭。將所有材料放在一起煮開。

3 將牡蠣盛裝在容器當中，添加適量熱騰騰的湯頭。加上蘿蔔泥、灑上青蘇嫩葉與辣椒絲。

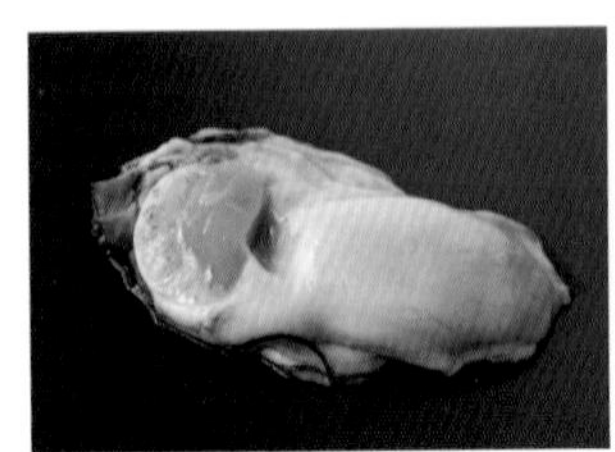

牡蠣飯

まめたん

まめたん最後一道料理土鍋飯，
除了牡蠣以外也經常搭配白蝦、櫻花蝦等
油炸料理來帶出分量感。
為了能夠讓人吃起來覺得清爽，
因此搭配帶酸味的醃漬酸莖菜拌在一起。

溫度時間：185℃炸數十秒
預想狀態：以較濃稠的天婦羅麵糊包覆牡蠣，
使用較強的高溫讓牡蠣熟透。

去殼牡蠣…5個
低筋麵粉、較濃稠的天婦羅麵糊（低筋麵粉、蛋黃、水）
炸油
卡馬格地區的鹽

米…2合
烹煮湯底（第二道高湯1.8合）＊（譯註：一合約180ml）
濃口醬油
醃漬酸莖菜（切絲）、細蔥（切小段）

＊使用雙層蓋土鍋時需要的水量。

1 以鹽巴搓洗牡蠣後水洗並擦乾。確實灑上低筋麵粉後過較濃稠的天婦羅麵糊，以185℃炸油快速炸過取出。灑上鹽靜置。

2 洗米並泡在水中30分鐘後放入土鍋中（使用雙層蓋），倒入烹煮湯底開中火。沸騰冒出蒸氣以後就關火蒸8分鐘。

3 打開鍋蓋，放上炸好的牡蠣、切成細絲的醃漬酸莖菜及細蔥，滴上少許濃口醬油帶出香氣攪拌。確認調味並加以調整。

旗魚荷蘭燒

根津たけもと

炸過以後再燉煮的料理稱為「荷蘭燒」。炸的時候維持食物多汁且表面酥脆、之後再拌上調味的荷蘭煮手法，非常適合用來作口味清淡且易乾澀的雞胸肉等。此處使用劍旗魚當中油脂較少的品種。是非常適合配飯的一道料理。

炙燒風味鰹魚佐香蔥

根津たけもと

使用大量油來迅速油炸，取代炭火燒烤步驟做成炙燒風味。這是配合鰹魚皮下油脂較少時期的烹調方式，以油來增添香氣及濃郁感，使魚肉更加美味。

用來烹調的鰹魚要選擇帶皮的。

另外推薦搭配有酸味的薑片會比較清爽。

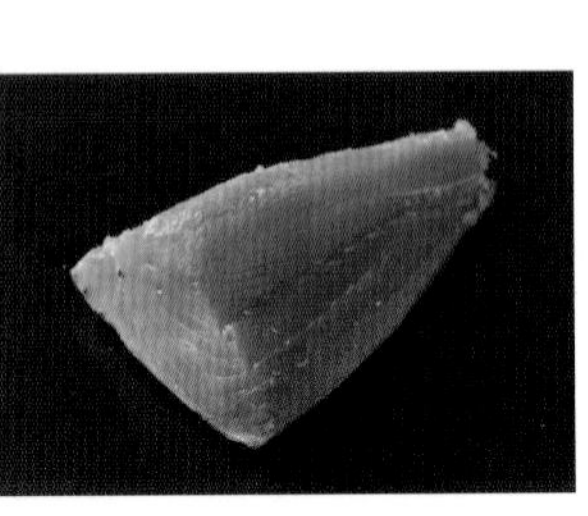

炸大頭菜與鰹魚

ゆき椿

大頭菜適當去除水分濃縮其甘甜。
另外鰹魚則短時間使其中心半熟就取出。

炙燒風味薄燒鰹魚

西麻布　大竹

在鰹魚之間把大蒜、生薑、紫蘇等，
這些用來搭配炙燒料理的調味料都夾進去油炸。
生魚片用的鰹魚半熟即可。

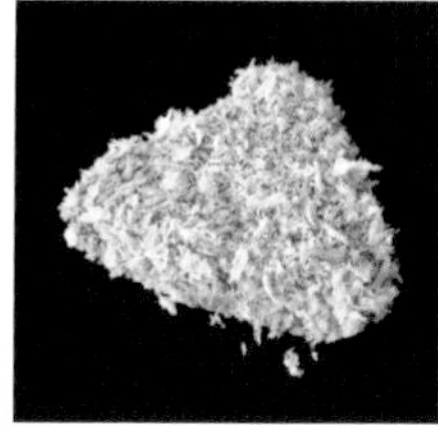

旗魚荷蘭燒

根津たけもと

溫度時間：180℃炸3～4分鐘
預想狀態：確實沾好低筋麵粉後噴水，這樣炸的顏色比較漂亮。

旗魚、鹽、低筋麵粉
生麩
綠蘆筍
炸油
荷蘭煮醬汁（高湯6：味醂1：濃口醬油1、砂糖少許）、奶油
芽蔥、黑胡椒

1 殺好旗魚，切成2cm塊狀。灑上少許鹽巴，放進冷藏庫4小時左右。
2 擦乾以後灑上低筋麵粉再噴水。噴水能讓麵粉更加貼合、炸得更漂亮。
3 以180℃的炸油來炸3～4分鐘左右，然後瀝油。在這個時候就算中間還沒熟透也沒關係。
4 將生麩與已切成容易食用大小的綠蘆筍一起放入步驟**3**的油中素炸。
5 將荷蘭煮醬汁的材料一起放入鍋中開火，放入旗魚、生麩、綠蘆筍攪拌，最後添加奶油開大火使其乳化，增添風味及濃郁感。
6 盛裝至器皿當中，添上切整齊的芽蔥、灑上黑胡椒。

炙燒風味鰹魚佐香蔥

根津たけもと

溫度時間：使用冒煙的麻油好好炸魚皮、魚肉面則只需要短時間讓顏色產生變化即可
預想狀態：要讓魚皮酥脆因此以魚皮為中心高溫油炸。

鰹魚（帶皮）、鹽
麻油（焙煎濃口款）
柚子醋
佐料（薑片、茗荷、蔥白、嫩蔥、酸橘）

1 殺好魚之後灑上鹽巴。
2 在平底鍋中倒入約深1cm左右的麻油然後開火。開始冒煙以後就把鰹魚的魚皮朝下放入鍋中油炸。
3 將魚皮炸到酥脆而魚肉面有些變色。取出之後靜置冷卻。
4 將佐料切成等長的細絲。
5 鰹魚切成魚片以後裝盤，灑上大量佐料，並將柚子醋倒在周圍。

炸大頭菜與鰹魚

ゆき椿

溫度時間：大頭菜以150℃炸4分鐘。鰹魚以160℃炸1分鐘
預想狀態：大頭菜要素炸，慢慢去除水分。鰹魚則以高溫在短時間內讓中心呈現三分熟。因為不希望魚肉太老，所以用太白粉包覆。

大頭菜
鰹魚、太白粉
炸油

佐料羹
（高湯6：日本酒1：淡口醬油1：味醂1：太白粉適量）
黑色七味胡椒粉、九條蔥

1 大頭菜連皮切成扇形。鰹魚則取下魚背肉，切成較厚的魚肉片。
2 將大頭菜放入150℃的炸油中，直接油炸。慢慢加熱去除大頭菜中的水分並使其熟透。
3 鰹魚切成厚度1cm的魚片後灑滿太白粉，以160℃的炸油快速炸一下。中心三分熟即可。
4 製作佐料羹。加熱高湯，加入日本酒、淡口醬油、味醂來調味，慢慢加入以水化開的太白粉增添黏稠度。
5 將佐料羹倒進器皿中，放上大頭菜與鰹魚，灑上黑色七味胡椒粉。最後擺上九條蔥的蔥花。

炙燒風味薄燒鰹魚

西麻布　大竹

溫度時間：180℃炸30秒
預想狀態：以高溫油短時間油炸使麵衣過火。

鰹魚
大蒜（切薄片）
生薑（切薄片）
紫蘇（切絲）
低筋麵粉、蛋液、生麵包粉、炸油

柚子醋羹（容易製作的分量）
柚子醋…200cc
濃口醬油…200cc
第一道高湯…100cc
味醂…少量
葛粉…適量
茗荷（切薄片）、芽蔥

1 將鰹魚殺好以後，切為厚1cm中間劃開的魚片。
2 將步驟1劃開處塞入大蒜、生薑、紫蘇後灑上低筋麵粉並過蛋液，沾上生麵包粉。
3 使用180℃炸油將步驟2的魚片炸30秒後取出瀝油。
4 製作柚子醋羹。將高湯與調味料混合加熱，一邊觀察狀態一邊加入以水化開的葛粉，增添濃稠度。
5 將鰹魚盛裝至容器中，倒入少量柚子醋羹，最上面放生薑與切齊的芽蔥。

米香松葉蟹

楮山

將快速汆燙過的螃蟹腳沾上米香去炸，非常特別的油炸料理。如果能先將米香素炸過，就能縮短油炸時間，螃蟹也不會太老。

毛蟹豆腐餅銀杏泥高湯

楮山

將顏色炸得比較深的豆腐餅，搭配烤銀杏香氣十足的湯頭，是一道充滿秋季氣息的湯品。

吐司炸沙鮻

楮山

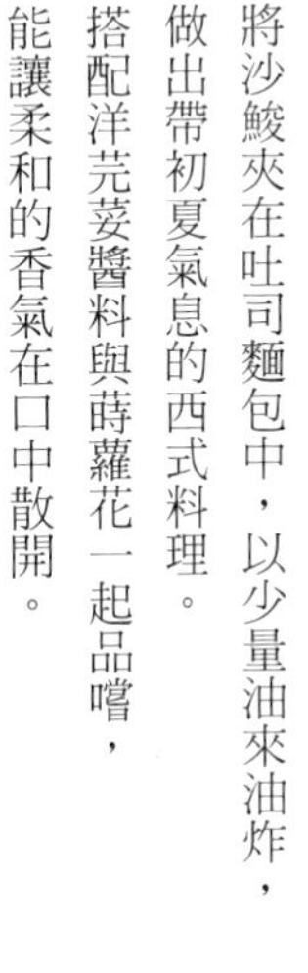

將沙鮻夾在吐司麵包中，以少量油來油炸，做出帶初夏氣息的西式料理。搭配洋芫荽醬料與莳蘿花一起品嚐，能讓柔和的香氣在口中散開。

【溫度時間：以平底鍋放多些油，小火
預想狀態：注意不能讓吐司麵包燒焦，以低溫平均炸成金黃色。】

沙鮻、鹽、胡椒
紫蘇
低筋麵粉、蛋液、吐司麵包、炸油
洋芫荽醬料＊
莳蘿花

＊將洋芫荽煮過再以果汁機打碎，以濾網過濾後使用少量鹽巴調味。

1　將沙鮻片成三片，切成一口大小。用力沾上鹽巴後灑胡椒。以2片紫蘇夾住沙鮻，灑上低筋麵粉後過蛋液，以切成薄片的吐司麵包夾住。

2　在平底鍋中倒入較多量的油後開火。等到溫度稍微提升後就將步驟1的吐司邊切掉、切成一半放入鍋中，以低溫油炸。

3　等到呈現金黃色就翻面。由於麵包會吸油，因此油變少的話就要添加。等到兩面都變成金黃色就取出瀝油。

4　將洋芫荽醬料倒入器皿中，將炸吐司麵包裝盤。灑上莳蘿花。

米香松葉蟹

楮山

溫度時間：160℃炸3分鐘
預想狀態：想著要讓麵衣凝固。但不要讓螃蟹太老。溫熱即可。

松葉蟹（腳）、鹽
粥、米香、炸油

蟹黃塔塔醬（容易製作的分量）
水煮蛋的蛋黃…2個量
蟹黃…1杯量
蟹肉…100g
鹽、檸檬汁…各適量

1 準備好螃蟹腳、放入加了鹽的熱水中煮。蟹殼變色就要馬上取出、去殼。

2 將步驟**1**的蟹腳灑上鹽巴，以刷毛塗上米粥，並將素炸過的米香固定在蟹肉外側。

3 放入預熱至160℃的炸油中，炸3分鐘。等到螃蟹浮起就取出瀝油。

4 製作蟹黃塔塔醬。將水煮蛋的蛋黃取出碾碎，添加蟹黃、螃蟹肉、鹽、檸檬汁。

5 擺上螃蟹殼作為裝飾，盛裝炸好的螃蟹腳。並添上蟹黃塔塔醬。

毛蟹豆腐餅 銀杏泥高湯

楮山

溫度時間：以160℃炸10分鐘、最後提高溫度
預想狀態：炸到表面酥脆且堅硬。

豆腐餅內餡（容易製作的分量）
毛蟹蟹肉…100g
干貝（濾網壓碎濾過）…20g
薯蕷（磨成泥）…10g
木棉豆腐（濾網壓碎濾過）…30g
蛋白（打至六分）…5g
炸油
滷汁（高湯8：淡口醬油0.5：濃口醬油0.5：味醂1）
銀杏泥高湯（銀杏100g、高湯100cc、鹽適量）
小松菜

1 製作豆腐餅內餡。將毛蟹、濾網壓碎過濾的干貝、薯蕷、瀝乾後以濾網壓碎過濾的木棉豆腐、打發的蛋白混在一起。

2 將豆腐餅內餡裹成1個50g左右，放入預熱至160℃的炸油中油炸。炸到表面顏色變深、酥脆堅硬，最後再提高溫度。變色之後取出。

3 步驟**2**的豆腐餅稍微放涼些再放進滷汁當中開小火。沸騰之後連同滷汁一起移到密封容器內，將容器放在冰水當中使其入味。

4 製作銀杏泥高湯。將銀杏去殼之後在網上烤過、去掉果皮。將銀杏放進果汁機當中，倒入高湯一起打成泥。

5 將步驟**3**的豆腐餅以滷汁加熱。將步驟**4**的高湯分裝後以鹽巴調味並加熱。將高湯倒入碗中，並放上已加熱的豆腐餅。最後放上汆燙過的小松菜。

紅金眼鯛與大頭菜 大頭菜羹湯

まめたん

濃縮了甘甜的大頭菜及炸得香鬆的紅金眼鯛濃郁感，使用羹湯來搭配的油炸料理。

溫度時間：紅金眼鯛使用180℃短時間油炸，之後以餘溫加熱。大頭菜以170℃炸5分鐘

預想狀態：為了讓紅金眼鯛留下多汁感且香鬆，要使用比較高的溫度讓外層酥脆。大頭菜的水分比較多，為了留下口感要適度去除水分，濃縮其甘甜。

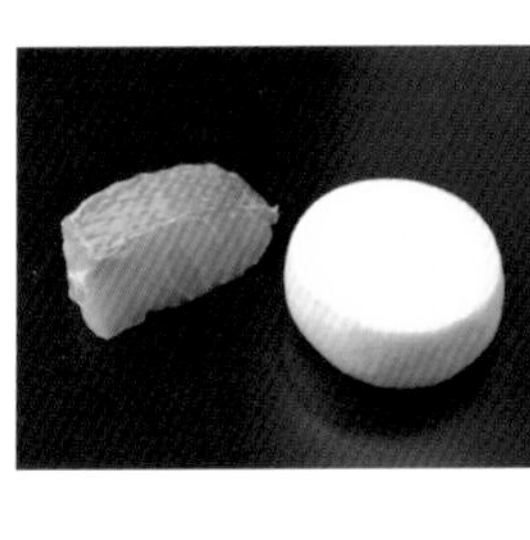

紅金眼鯛、鹽
大頭菜
低筋麵粉、薄麵糊（低筋麵粉、蛋黃、水）、炸油
大頭菜羹湯（紅金眼鯛高湯＊、鹽、大頭菜泥、九條蔥、薑汁、葛粉）
柚子皮

＊將紅金眼鯛的魚骨灑上大量鹽巴靜置一晚後水洗。以水10兌日本酒2放入魚骨、菜雜（白菜、洋蔥皮、高麗菜等帶甜味的蔬菜）、蔥、生薑後開火。沸騰之後將火轉小持續燉煮1小時製成高湯。

1 紅金眼鯛配合大頭菜的大小切塊。大頭菜去皮時切厚一點，然後切成厚2cm的圓片。

2 紅金眼鯛灑上一層薄鹽後灑上低筋麵粉，過薄麵糊之後以180℃油炸。讓表面酥脆。

3 大頭菜以170℃慢慢油炸，適當去除水分。不要讓它變得軟綿綿，要留下一定程度的口感。

4 製作大頭菜羹湯。加熱紅金眼鯛高湯後以鹽巴調味。漫漫添加以水化開的葛粉，增添濃稠度，將已經瀝乾的大頭菜泥及切成長條的九條蔥放入一起加熱，最後添加薑汁收攏口味。

5 盛裝大頭菜、紅金眼鯛，並淋上大頭菜羹湯。最後灑上柚子皮。

素炸貝柱佐鹽味海膽

根津たけもと

具有獨特美味及鹽味的鹽味海膽。將鹽味海膽搭配新鮮海膽，製作成口味溫和的麵衣。和油脂搭配更好入口。非常適合用來當開胃菜、下酒前菜等酒餚。

溫度時間：180℃炸1分鐘
預想狀態：使用高溫讓貝柱的水分不會散失、保留多汁感。以一種為其添加油脂香氣的方式去炸。

貝柱
低筋麵粉、炸油
拌料（鹽味海膽1：新鮮海膽1、高湯少量）
烤海膽＊

＊將新鮮海膽煎到散開，之後用研缽搗成粉末狀。

1 準備拌料。將等量的鹽味海膽與新鮮海膽混在一起。根據濃度適量添加高湯來調整。

2 稍微擦乾貝柱之後灑上低筋麵粉。放進預熱至180℃的炸油中油炸1分鐘然後瀝油。

3 將炸好的貝柱包上步驟**1**的拌料然後裝盤。灑上大量烤海膽。

油炸火鍋年糕夾櫻花蝦

おぐら家

使用火鍋用的薄年糕來夾櫻花蝦真薯油炸。
為了讓年糕能維持美麗的白色，最好使用乾淨的炸油。

溫度時間：180℃炸30秒
預想狀態：為了不要讓年糕變色，要以高溫短時間完成。

櫻花蝦真薯（容易製作的分量）
新鮮櫻花蝦…200g
白肉魚泥…500g
蛋漿＊…3個量
火鍋用日式年糕（麻糬）、海苔
低筋麵粉、薄麵糊（低筋麵粉、蛋黃、水）、炸油

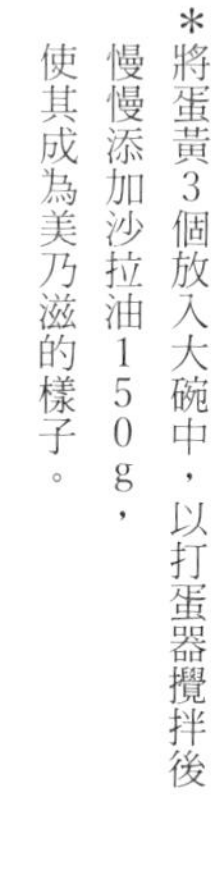

＊將蛋黃3個放入大碗中，以打蛋器攪拌後慢慢添加沙拉油150g，使其成為美乃滋的樣子。

1 製作櫻花蝦真薯。將櫻花蝦以食物處理機打成泥。之後加入白肉魚泥和蛋漿一起打，製作成真薯。

2 以火鍋年糕夾入15g真薯，再以切成細條的海苔捲起。如果真薯分量太多，會炸得不漂亮，還請適量即可。

3 灑上低筋麵粉，過薄麵糊之後以180℃油炸。為了凸顯出真薯的紅色，務必要留心不能讓年糕變成金黃色。

4 取出之後瀝油裝盤。

稻庭烏龍 櫻花蝦速炸

楮山

煮過的稻庭烏龍乾麵拌上櫻花蝦漿，然後放上速炸櫻花蝦妝點。以高溫短時間油炸新鮮櫻花蝦，能產生獨特的香氣與口感。

溫度時間：200℃炸10秒
預想狀態：一瞬間就要取出，去除外殼水分、留下蝦肉多汁感。

新鮮櫻花蝦、炸油

稻庭烏龍…50g
櫻花蝦漿（容易製作的分量）
　洋蔥（剁碎）…1／2個量
　新鮮櫻花蝦…300g
　沙拉油…適量
　鮮奶油…100cc
　牛奶…適量
　鹽…適量
嫩莧

1 將櫻花蝦快速水洗一下後仔細擦乾。

2 將炸油預熱至200℃，放入步驟**1**的櫻花蝦。爆裂聲消失以後就表示水分已經去除，立刻用炸網將櫻花蝦取出。這樣一來外殼酥脆而蝦肉會保留多汁感。

3 製作櫻花蝦漿。以沙拉油炒洋蔥，變得濕潤以後就加入櫻花蝦。等到水份蒸發，再倒入可蓋過材料的牛奶、鮮奶油燉煮30分鐘。以鹽巴調味後使用食物處理機打碎。

4 煮50g稻庭烏龍麵後瀝乾。將步驟**3**的櫻花蝦漿取約80g左右，並添加少許麵湯化開。將煮好的烏龍麵放進去拌勻，盛裝到器皿上。放上步驟**2**的櫻花蝦，並輕輕放上嫩莧。也可以灑上一些打碎的煎花生。

櫻花蝦炊飯

蓮

在炊飯上放大量剛炸好的櫻花蝦，然後與花椒一起蒸過，會充滿香氣、油脂滲入飯中更加美味。

「溫度時間：175℃炸15秒
預想狀態：以高溫短時間油炸的蝦子會留下多汁感，且讓外殼酥脆。」

新鮮櫻花蝦…50g
炸油
米…1.5合
炊飯高湯（高湯340cc、淡口醬油20cc、生薑泥少量）
花山椒…適量

1 將櫻花蝦快速水洗一下後擦乾。
2 以預熱至175℃的炸油將櫻花蝦炸15秒，馬上取出來瀝油。
3 煮飯。洗米後浸泡10分鐘。將米移至土鍋中，倒入比米多一成的炊飯高湯，以大火煮沸。沸騰後轉小火煮5分鐘，之後關火蒸3分鐘。
4 將步驟2的櫻花蝦與新鮮花山椒放在步驟3的飯上，繼續蒸2分鐘。
5 蒸好以後讓客人看過土鍋的樣子，再快速攪拌後盛入碗中。

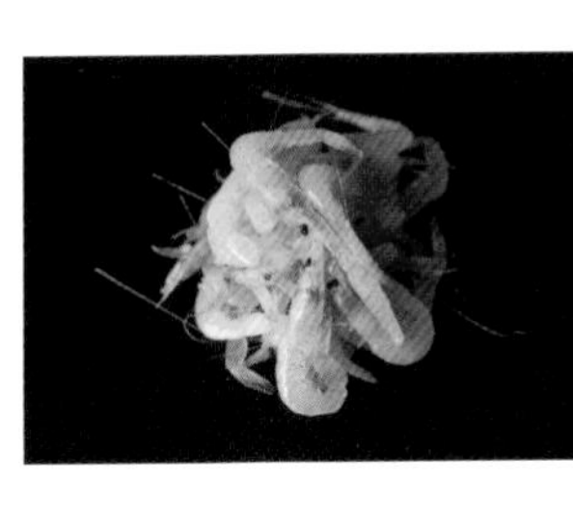

針魚生海膽 洋蔥羹

まめたん

在海膽周圍包上針魚，將海膽做成半熟狀態。
使用透出洋蔥甘甜的羹湯來搭配海膽。

「**溫度時間**：180℃炸1分鐘
預想狀態：使用較高的油溫油炸，讓中心的海膽以針魚的餘溫加熱得剛剛好。」

針魚
海膽
低筋麵粉、薄麵糊（低筋麵粉、蛋黃、水）、炸油
洋蔥羹（新洋蔥磨成泥1：濃口八方高湯＊1：葛粉適量）
芽蔥

＊高湯5：味醂1：濃口醬油1的比例調配而成。

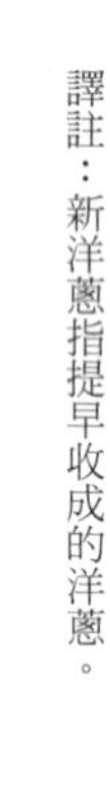

譯註：新洋蔥指提早收成的洋蔥。

1 將針魚片成三片，細細斜切魚皮做成裝飾刀工。切開也會比較好捲。
2 將針魚捲起來，當中塞進海膽並以牙籤固定。
3 將步驟2的材料灑上低筋麵粉，過薄麵糊以後以180℃的炸油來炸。當中的海膽半生時即取出，上桌時會加熱到剛剛好的程度。
4 製作洋蔥羹。將磨成泥的新洋蔥搭配等量的濃口八方高湯後開火，使用以水化開的葛粉來增添濃稠度。
5 將洋蔥羹倒進器皿中，擺上步驟3的材料，再放上大量切短的芽蔥。

炸秋刀魚起司捲

おぐら家

使用細長的秋刀魚包裹起司的油炸料理。秋刀魚是非常適合帶焦香的魚類，因此炸好之後再切開，炙烤一下增添焦度。

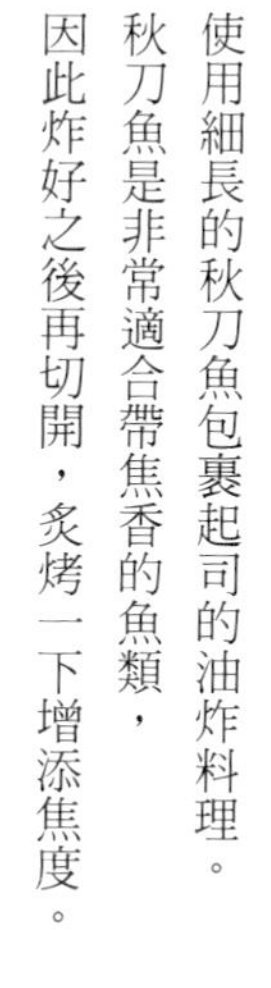
溫度時間：160℃炸2分鐘
預想狀態：慢慢炸讓裡面包裹的起司變軟的感覺。

秋刀魚、鹽
紫蘇
會融化的片狀起司
低筋麵粉、天婦羅麵糊（低筋麵粉、蛋黃、水）、炸油

1 將秋刀魚片成三片，灑上鹽後靜置10分鐘去除水分及腥味。為了讓魚肉比較好捲起，將魚肉自中間往左右片開，調整成相同厚度。切開使魚肉較薄也比較好熟。

2 將魚肉面朝上，鋪上紫蘇後放上會融化的片狀起司，將秋刀魚連內餡一起捲起。邊緣以牙籤固定。

3 灑上低筋麵粉、過天婦羅麵糊後以160℃油炸。取出之後瀝油，以餘熱使其熟透。

4 將兩邊切齊之後切成兩半，以噴槍炙燒斷層增添焦香。拔掉牙籤以後盛裝上桌。

秋刀魚與秋茄龍田炸物 山椒味噌醬

おぐら家

到了秋季就非常美味的秋刀魚與茄子。配合各自需求來炸，然後一起享用。要將茄子炸到柔軟入口即化。

溫度時間：秋刀魚以180℃炸30秒。茄子以180℃炸1分鐘

預想狀態：秋刀魚的魚身很薄，為了不要讓它焦掉，必須使用高溫迅速炸過。茄子則適當去除水分以後入口即化，外側則酥脆。

秋刀魚、鹽、太白粉
茄子
炸油
山椒味噌醬
……山椒味噌（→P23頁下段）
已將酒精煮到揮發的酒

佐料（紫蘇、茗荷、苗菜）

1 將秋刀魚片成三片，灑上鹽後靜置10分鐘去除水分及腥味。將魚皮切成格子狀以後，再切成長約5～6cm長的魚肉塊。

2 將茄子切成厚1cm、一口大小，並將斷面切成格子狀。

3 以刷毛將太白粉刷到秋刀魚上，以180℃快速油炸。注意不要燒焦。

4 茄子使用180℃的油素炸。適當去除水分讓中心入口即化、外側酥脆。

5 將茄子與秋刀魚裝盤，以揮發的酒調開適量山椒味噌作成醬汁，將佐料蔬菜都切成細絲、拌在一起後盛裝到盤上。

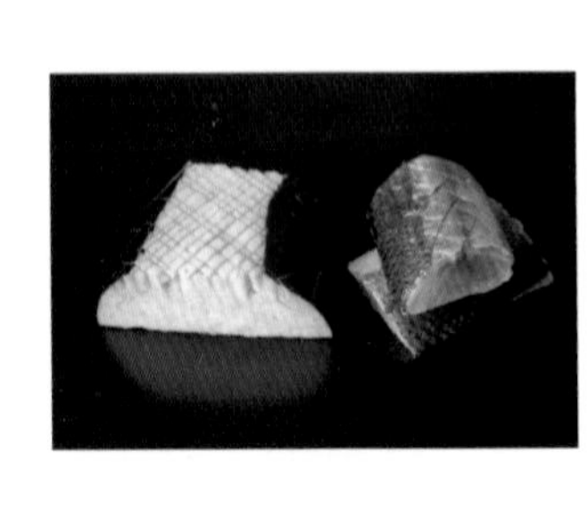

炸銀魚漿球佐蘿蔔泥醋

蓮

重點在挑選較大條的銀魚、炸的時候維持濕潤。推薦搭配蘿蔔泥醋清爽可口。

「溫度時間：160℃快速油炸
預想狀態：以低溫油來炸，在中心還是生的狀態就取出，以餘熱加溫。」

銀魚：15條
低筋麵粉、薄麵糊（低筋麵粉3：玉米粉1：碳酸水1.5）、炸油
蘿蔔泥醋（蘿蔔泥100g、高湯20cc、昆布5g、醋10cc、鹽少量）
芽蔥

1 將銀魚灑上低筋麵粉，把15條攏齊，過薄麵糊之後以160℃的油快速炸一下。在中心還是生的狀態就取出瀝油。餘溫可以讓魚達到半熟。

2 製作蘿蔔泥醋。將蘿蔔磨成泥、稍微擠掉水分，添加高湯並擺上昆布，添加調味料之後靜置半日。

3 盛裝銀魚、淋上蘿蔔泥醋並放上芽蔥。

炸銀魚與八尾若牛蒡餅丼

久丹

油炸料理的上桌溫度是非常重要的。若牛蒡的香氣與輕巧、丼飯醬汁的口味濃淡、都會因為溫度而有完全不一樣的感受。最好起鍋馬上提供給客人。

溫度時間：160℃炸3分鐘、最後180℃
預想狀態：為了不讓內餡散開，先放進低溫油當中等到形狀固定了再翻面以高溫油炸，這樣也比較爽口。

銀魚…20g
若牛蒡與其莖（片成絲）…10g
低筋麵粉、天婦羅麵糊（低筋麵粉、水）、炸油

白飯
丼飯醬汁＊（醬油膏0.8：濃口醬油0.8：日本酒1：味醂＋紅酒2.5）
青海苔

＊將所有調味料直接拌在一起，往後用掉多少添加多少、繼續使用。

1 若牛蒡的根與莖都片成絲。莖的部分要過水洗。

2 將銀魚與步驟1的牛蒡根與莖在大碗中放在一起，灑上少量低筋麵粉。這時候添加適量天婦羅麵糊攪拌。

3 以有孔圓勺撈起內餡，滴落多餘麵糊以後，靜靜放入不會使麵糊散開的低溫油。

4 炸到一半翻面，最後將溫度提升到180℃，炸到酥脆。取出之後瀝油。

5 盛裝白飯、放上步驟4的炸餅，淋上甜辣口味的醬汁。灑上青海苔。

炸白帶魚蠶豆酥

西麻布　大竹

將打碎的蠶豆放在白帶魚片上，背面則灑上敲碎鹽味仙貝的特別料理。將蛋白霜和太白粉混在一起，做成糁糊，這樣一來蠶豆就不會脫落、能炸得很漂亮。

溫度時間：170℃炸3分鐘

預想狀態：讓蠶豆顏色保持鮮豔。背面的鹽味仙貝則酥脆。

白帶魚、鹽
大德寺納豆
蠶豆
鹽味仙貝
低筋麵粉、糁糊（蛋白1個量、太白粉10g）、炸油

1　將白帶魚片成三片，輕輕灑上鹽巴後切成7cm左右長度。自中間往兩邊片開，夾入剁碎的大德寺納豆。

2　剝掉蠶豆殼之後去皮剁碎。鹽味仙貝則打細碎。

3　準備糁糊。將蛋白打到八分以後混入太白粉。

4　以刷毛將低筋麵粉刷在步驟1的白帶魚上，塗上步驟3的材料。將剁碎的蠶豆好好固定在魚皮那一面、背面則固定打碎的鹽味仙貝。

5　將蠶豆面朝上放進預熱至170℃的炸油當中。炸3分鐘左右取出，瀝油裝盤。此處照片將料理切開來使人能看見裡面。

魚膘牛肉腐皮羹

まめたん

魚膘與里肌牛肉那入口即化的口感、加上腐皮的柔嫩、滑順又好沾附的醬油羹。就用堅硬的麵衣，來凸顯出這些相對柔軟的材料。也可以使用牡蠣等柔軟的材料來代替。

溫度時間：180℃炸20～30秒
預想狀態：使用高溫短時間油炸魚膘，使其保有熱騰騰且入口即化的口感。

鱈魚魚膘、鹽水
低筋麵粉、天婦羅麵糊（低筋麵粉、蛋黃、水）、炸油
火鍋用里肌牛肉
腐皮、醬油羹＊
柚子皮

＊以高湯5：濃口醬油1：味醂1的比例放在一起加熱，慢慢添加以水化開的葛粉來增添濃稠度。

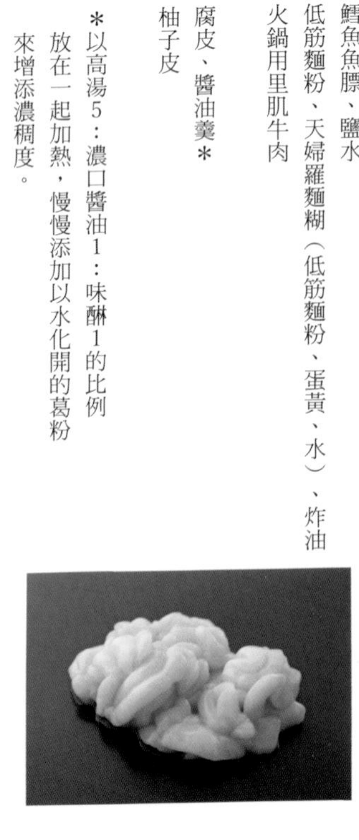

1 將魚膘切成1個20g、以鹽水清洗後擦乾，灑上低筋麵粉。過天婦羅麵糊以後在炸鍋上甩落魚膘上多餘的麵糊，然後放進180℃的炸油當中。炸20～30秒就取出瀝油。

2 將火鍋用里肌牛肉以60℃熱水汆燙一下，包起步驟**1**的魚膘。

3 將步驟**2**的材料盛裝在器皿上，淋上加熱的腐皮與熱騰騰的醬油羹。灑上大量用刨刀粗刨下的柚子皮。

海鰻利久揚

根津たけもと

將海鰻嫩魚沾上芝麻炸到酥脆的利久揚。
雖然魚身很薄且花費較長時間來炸，
但並不會因此失去海鰻特有的潮濕氣息。炸了之後
過一段時間，麵衣的口感也不會變。可應用在白肉魚上。

溫度時間：160℃炸4～5分鐘
預想狀態：注意不能讓芝麻燒焦，麵衣要好好固定。

海鰻嫩魚
天婦羅麵糊（低筋麵粉、雞蛋、水）、焙煎芝麻、炸油
鹽
七味辣椒粉

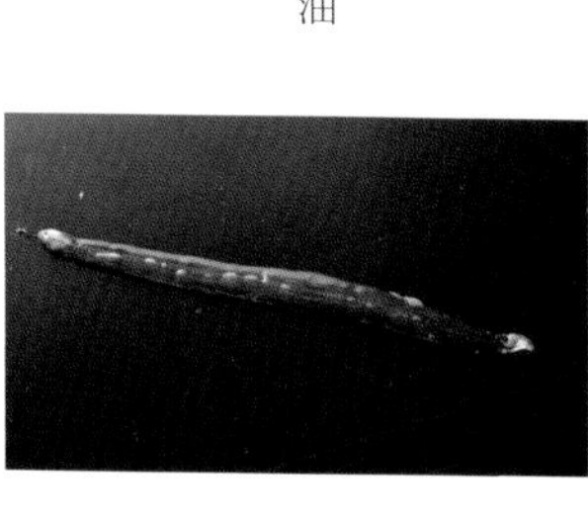

1 擦乾海鰻的水分，過天婦羅麵糊之後徹底灑滿焙煎芝麻。可以使用均勻的蛋白來取代天婦羅麵糊。

2 使用160℃的炸油，注意炸的時候麵衣芝麻不要掉落，炸4～5分鐘。

3 取出之後瀝油、灑鹽。等到油瀝乾就盛裝，灑上七味辣椒粉。

青甘一夜干南蠻漬

根津たけもと

冰涼的南蠻漬。青甘選擇小一點的。
將魚彎曲串起後風乾，直接放下去炸，
這樣浸泡到南蠻醬汁當中也能維持活力十足的形狀。

溫度時間：170℃炸7分鐘
預想狀態：為了要能夠讓人從頭啃整條魚，使用較低溫的油慢慢炸。

青甘、鹽水（鹽分濃度3%）、炸油
長蔥、麻油（焙煎濃口款）
南蠻醬汁（高湯12：味醂1：蘋果醋1、鹽適量、淡口醬油少量）
細蔥（切小段）、七味辣椒粉

1 去除青甘內臟。浸泡在鹽水當中1小時，然後串起來在室內風乾一天。風乾能去除適度水分，並且浸泡到南蠻醬汁當中也能維持一定形狀。

2 以170℃炸油仔細素炸青甘魚。炸的時間會根據魚的尺寸稍有變動。要炸到能連魚頭都吃掉。浸泡在南蠻醬汁裡會稍微變硬，因此要好好炸過。

3 長蔥隨意切成容易食用的大小，以抹了麻油的平底鍋煎到帶焦色。

4 事先就要準備好南蠻醬汁。將所有材料放在一起開火，煮沸之後在常溫中靜置冷卻。青甘魚及長蔥趁熱浸泡到南蠻醬汁中一天。

5 將青甘魚及長蔥盛裝到冰鎮的器皿上，並灑上細蔥及七味辣椒粉。

蛤蜊土佐揚

根津たけもと

土佐揚一般會使用削片的柴魚當成麵衣，但不想讓柴魚太過突出，因此調整為炸好之後灑上鮪魚絲。油菜花略帶焦香也非常不錯。

溫度時間：蛤蜊以180℃炸3～4分鐘。油菜花則以180℃炸幾十秒

預想狀態：不能讓蛤蜊的水分跑掉、因此使用比油菜花還厚的麵衣來包裹、並以高溫油炸，以餘溫來讓蛤蜊熟透。
油菜花則沾附較薄的麵糊，並以高溫讓花苞及葉尖稍微焦掉。

蛤蜊
低筋麵粉、天婦羅麵糊（低筋麵粉、雞蛋、水）
油菜花、薄麵糊（低筋麵粉、雞蛋、水）
炸油、鹽
鮪魚絲、山椒嫩葉

譯註：鮪魚絲是將鮪魚曬乾後，做成像柴魚那樣再削成絲。

1 蛤蜊去殼後擦乾，灑上低筋麵粉以後過天婦羅麵糊。殼要用來裝盤因此要洗乾淨。

2 放入180℃的炸油中，不時翻動一下，炸3～4分鐘。請配合蛤蜊的大小來適當調整時間。等到水分跑出的泡泡聲停下來就取出，以餘溫來加熱。

3 因為想讓油菜花的葉尖稍微焦掉，因此過薄麵糊，以180℃短時間油炸。

4 將鮪魚絲灑上步驟2和3的材料上，灑上少許鹽巴。因為不想強調魚片的美味，因此分量要稍微控制一下。盛裝在殼上，並灑上山椒嫩葉。

蛤蜊道明寺揚 佐磯香羹

分とく山

將道明寺粉灑在大顆蛤蜊上的特殊油炸料理。以生海苔增添香氣的羹帶出蛤蜊甘甜。

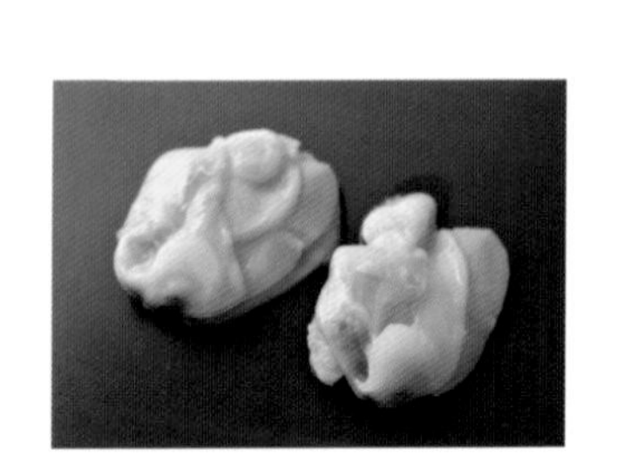

海鰻、晴王麝香葡萄與梅干雙味炸物

おぐら家

清淡且水分多的海鰻，一炸就會變得蓬鬆，且油分能增添濃郁感。

當中的葡萄連皮一起包裹，果汁就不會流失。

薄粉炸海鰻洋蔥柚子醋

蓮

將海鰻片好之後進行骨切，靜置3天使魚肉更加甘甜再炸。由於海鰻也可以作為生魚片食用，因此最重要的是不要炸太老。

譯註：骨切是一種海鰻常使用的刀工，方法是將魚肉切得非常細但不把魚皮切斷，藉此把當中的小魚骨都切斷。

蛤蜊道明寺揚 佐磯香羹

分とく山

「溫度時間：170℃炸1～2分鐘、最後180℃
預想狀態：蛤蜊要完全熟透，但不能太老，
不可以失去多汁感、要將湯汁封鎖在麵衣中。利用餘溫。」

蛤蜊（尺寸為50～60g）
鹽水（鹽分濃度2%）
低筋麵粉、蛋白、道明寺粉、炸油

磯香羹
高湯…60cc
淡口醬油…2.5cc
鹽…1撮
太白粉…適量
生海苔…10g

1 將蛤蜊以濃度2%的鹽水浸泡3～4小時吐砂，之後以清水清洗、從殼中取出。殼要用來裝盤，因此請清洗乾淨以後用熱水煮沸。

2 將剝下來的蛤蜊肉以濃度1%的鹽水（不在食譜分量內）清洗後擦乾。

3 灑上低筋麵粉、過拌勻去筋之蛋白後沾滿道明寺粉。

4 將炸油預熱至170℃並將步驟2的蛤蜊肉放入，炸1～2分鐘，最後稍微拉高溫度使其酥脆後瀝油。

5 製作磯香羹。將高湯、淡口醬油、鹽都放入鍋中開火，等到溫度夠高就使用以水化開的葛粉來增添濃稠度，與生海台攪拌後完成。

6 將蛤蜊殼放在器皿上，盛裝道明寺揚，再淋上磯香羹。

海鰻、晴王麝香葡萄與梅干 雙味炸物

おぐら家

「溫度時間：160℃炸2分鐘、最後180℃
預想狀態：海鰻要慢慢炸使其火侯足夠、肉質蓬鬆。
當中的麝香葡萄和梅子肉只是稍微溫熱的程度。」

海鰻、鹽、紫蘇
麝香葡萄、梅肉
低筋麵粉、天婦羅麵糊（低筋麵粉、蛋黃、水）、炸油
鹽

1 將海鰻片成三片以後灑鹽，靜置20分鐘去除水分、帶出甘甜。

2 海鰻採用骨切刀工處理過後，切成5cm一段。將皮朝上鋪上紫蘇、放上兩顆麝香葡萄。從邊緣捲起包裹葡萄。以牙籤固定。

3 另一片海鰻一樣鋪上紫蘇，擺上梅肉捲起來。以牙籤固定。

4 以刷毛在步驟2和3的材料刷上低筋麵粉，過天婦羅麵糊以後使用160℃油炸，讓海鰻能夠火侯充足。

5 拔掉牙籤後灑鹽，將邊緣切整齊再對半切開。盛裝的時候要能看見切口。

薄粉炸海鰻 洋蔥柚子醋

蓮

> **溫度時間**：170℃炸1分鐘
> **預想狀態**：以餘溫讓海鰻火侯剛好，在半生時取出，做出鬆軟口感。

海鰻
低筋麵粉、薄麵糊（低筋麵粉3：玉米粉1：碳酸水1.5）、炸油
洋蔥柚子醋（洋蔥50g、水20cc、濃口醬油30cc、柚子醋20cc）
黃芥末

1. 將海鰻剖開之後採用骨切刀工處理。以毛巾包裹之後放在冰箱裡靜置3天。
2. 取出海鰻，切成2.5cm寬，灑上低筋麵粉、過薄麵糊後以170℃油炸1分鐘左右。取出之後以餘溫使其火侯充足。
3. 準備洋蔥柚子醋。將洋蔥連皮蒸熟，之後去皮並與其他材料都用果汁機打在一起。洋蔥蒸過以後口味會比較柔和甘甜。
4. 盛裝海鰻，附上洋蔥柚子醋及黃芥末。

炸河豚

蓮

河豚切厚一些，
打造出分量感會更美味。
麵衣薄一些、使其口感爽脆。

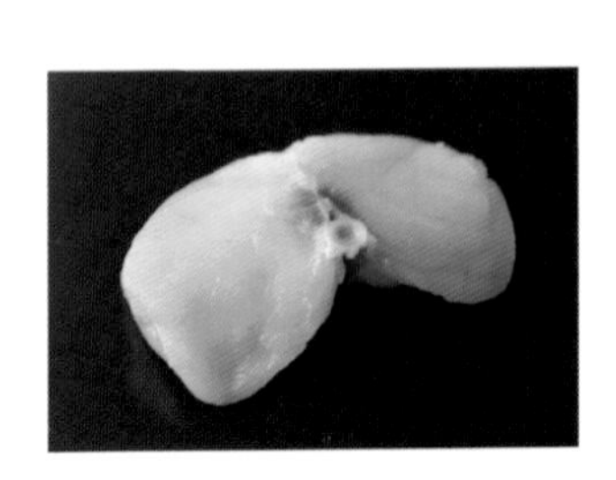

炸河豚膘

久丹

使用河豚膘來取代通常以豆腐做的這道料理
年後會變肥美的魚膘通常是灑鹽再炙燒，
但炸過也非常美味。

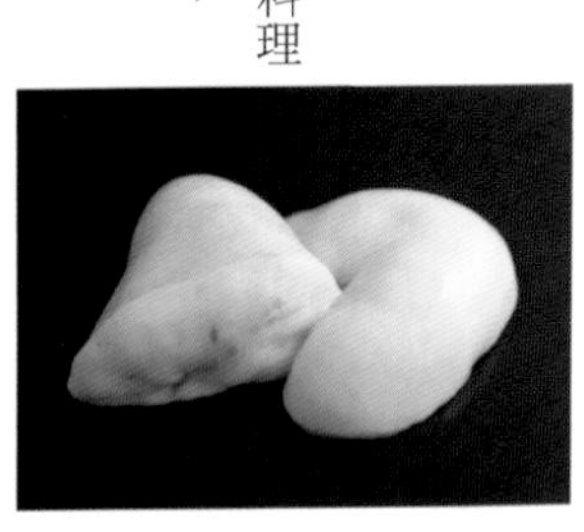

青甘魚排

ゆき椿

使用帶油脂的青甘魚做成的炸魚排。將生魚片用的青甘魚表面稍微處理一下，中心維持生的。

蘿蔔煮熟以後再磨成泥，口味會更加甘甜。

炸河豚

蓮

溫度時間：170℃炸3分鐘。最後180℃
預想狀態：注意河豚不能過老、保留多汁感。

河豚（帶骨上身）、鹽
滷汁（高湯1：濃口醬油1）
低筋麵粉、薄麵糊（低筋麵粉3：玉米粉1：碳酸水1.5）、炸油
酸橘

1 將河豚切成3cm左右的塊狀。如果有一定厚度會比較美味。沾點鹽後靜置30分鐘。
2 將滷汁材料混合，把步驟**1**的河豚塊置入浸泡1分鐘左右。
3 瀝掉滷汁，灑上低筋麵粉、過薄麵糊以後放進預熱至170℃的油當中。途中要翻面，最後將油溫提升到180℃讓麵衣有酥脆感。
4 盛裝河豚、附上酸橘。

炸河豚膘

久丹

溫度時間：180℃炸3分鐘、最後提升溫度
預想狀態：讓河豚膘在麵衣當中咕嘟咕嘟加熱，做出滑順口感。注意不要讓麵衣變成金黃色。

河豚膘
低筋麵粉、較稀的天婦羅麵糊（低筋麵粉、水）、炸油
搭配湯頭（高湯5.5：濃口醬油1：味醂0.8）
聖護院蕪菁
鴨頭蔥、紅紫蘇

1 將河豚膘切成一塊30g大小。灑上低筋麵粉，過較稀的天婦羅麵糊以後放入180℃的炸油中。為了不讓麵衣變成金黃色，要不斷翻動。取出瀝油。
2 將搭配用的湯頭材料混在一起，放入鍋中開火。將帶甜味的聖護院蕪菁磨泥之後輕輕擠掉水分，放入滾燙的湯頭中迅速溫熱。
3 盛裝剛炸好的河豚膘，淋上步驟**2**的湯頭並放上鴨頭蔥及紅紫蘇。

青甘魚排

ゆき椿

「溫度時間：160℃炸2分鐘
預想狀態：以高溫讓麵衣酥脆。」

青甘魚（生魚片用）、鹽
低筋麵粉、蛋液、生麵包粉、炸油

煮蘿蔔泥
……蘿蔔
……煮湯（高湯6：日本酒1：味醂1：淡口醬油1）

1 將青甘魚片好以後（大約100g大小）灑上鹽巴。

2 將低筋麵粉灑在青甘魚上，過蛋液之後沾滿生麵包粉。

3 放進預熱至160℃的炸油中，讓麵衣火候充分且炸到酥脆。等到轉為金黃色就馬上取出。以餘溫來加熱青甘魚。

4 炸之前先準備好煮蘿蔔泥。預先將蘿蔔煮好以後，再與能帶出口味的煮湯一起燉煮。靜置冷卻以後以食物處理機將蘿蔔打成泥，輕輕擠掉水分。

5 將步驟3的青甘魚切好，並附上煮蘿蔔泥。

干貝獅子頭 天婦羅醬

分とく山

獅子頭內餡花費30分鐘好好油炸，就能夠有濕潤而入口即化的口感。因為中間火侯充分，因此不需要後續燉煮的步驟，炸起來就能上桌。

溫度時間：130～140℃炸30分鐘，最後160℃
預想狀態：讓內餡的水分慢慢跑掉，使用低溫油好好炸透。

獅子頭內餡（容易製作的分量）
- 干貝…6顆（150g）
- 木棉豆腐…1塊（400g）
- 木耳（泡發並切絲）…20g
- 紅蘿蔔（切絲）…20g
- A（磨成泥的山藥2大匙、低筋麵粉2大匙、雞蛋1／2個、砂糖2大匙、淡口醬油5cc）

炸油

天婦羅醬汁＊、蘿蔔泥、生薑泥

＊高湯240cc、淡口醬油30cc、味醂30cc、柴魚3g放在一起煮。沸騰之後過濾使用。

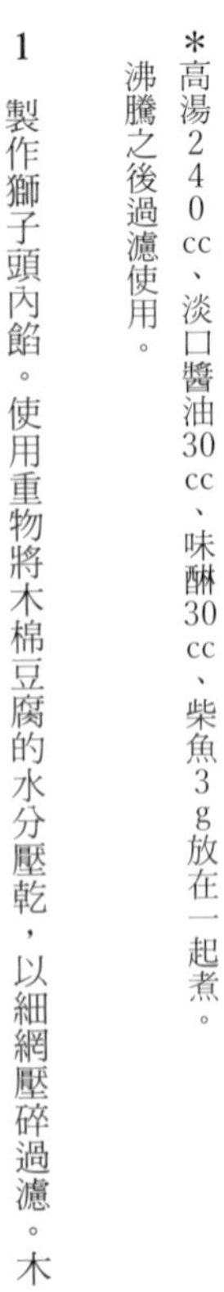

1 製作獅子頭內餡。使用重物將木棉豆腐的水分壓乾，以細網壓碎過濾。木耳及紅蘿蔔以熱水汆燙後瀝乾，使用稍微調過味的湯頭（不在食譜分量內）煮5分鐘後靜置冷卻。

2 將干貝較硬的部份去除後，以濃度1%的鹽水（不在食譜分量內）清洗然後擦乾。以菜刀打碎後研磨。放入步驟**1**的豆腐拌勻。

3 將材料A添加至步驟**2**的材料當中混合均勻。最後把步驟**1**的木耳及紅蘿蔔擦乾後也加進去。

4 在手上塗薄薄一層油，將餡料捏成1個30g，放入130～140℃的炸油當中。一邊翻動炸30分鐘直到呈現金黃色。最後將油溫提升到160℃之後起鍋瀝油。

5 盛裝至器皿，同時附上天婦羅醬汁、蘿蔔泥及生薑泥。

櫻花炸干貝馬鈴薯

分とく山

以干貝夾住蒸得非常濕潤的馬鈴薯，再用櫻葉包裹後沾天婦羅麵糊去炸。是從當中飄出櫻葉鹽漬柔和香氣的一道料理。

溫度時間：180℃炸1分鐘
預想狀態：馬鈴薯已經熟了，所以只要稍微加溫就可以。要注意的是干貝的火侯。請考量餘溫使其維持在半生。

干貝
馬鈴薯（May Queen）
鹽漬櫻葉
低筋麵粉、天婦羅麵糊（低筋麵粉60g、蛋黃1個量、水100cc）、炸油
鹽
生薑

1 將干貝自殼中取出。使用濃度1%的鹽水（不在食譜分量內）清洗後擦乾，橫向切開不要切斷。
2 馬鈴薯去頭去尾之後削皮做成圓柱形，切成8㎜厚的圓片。使用蒸籠蒸大約8～10分鐘。
3 將鹽漬櫻葉浸泡在大量水中，去除鹽分以後擦乾。去掉葉莖切成兩半。
4 將步驟2的馬鈴薯夾在步驟1的干貝當中，以步驟3的櫻葉包裹起來。使用刷毛刷上低筋麵粉後過天婦羅麵糊，以180℃油炸。瀝油之後灑上少許鹽巴。
5 切成一半裝盤。灑上花瓣薑片。

炸干貝球藻 蛤仔奶油醬

おぐら家

如果炸的時間太久，灑在周遭的紫蘇就會燒焦，因此訣竅是把真薯捏得小一些。搭配充滿貝類甘甜的醬汁。

溫度時間：160℃炸3分鐘、最後180℃
預想狀態：注意不要讓紫蘇燒焦，以160℃讓真薯能熟透。

干貝真薯（容易製作的分量）
- 干貝…10個
- 白肉魚泥…500g
- 蛋漿＊…2個量

紫蘇（切絲）、炸油

蛤仔奶油醬（容易製作的分量）
- 蛤蜊…500g
- 白酒…100cc
- 奶油…10g
- 低筋麵粉…1大匙
- 高湯…300cc
- 豆乳…500cc

＊將蛋黃2個放入大碗中，以打蛋器攪拌後慢慢添加沙拉油180g，使其成為美乃滋的樣子。

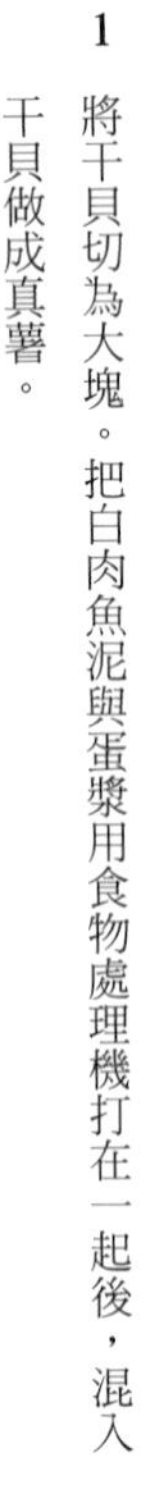

1　將干貝切為大塊。把白肉魚泥與蛋漿用食物處理機打在一起後，混入干貝做成真薯。

2　準備蛤蜊奶油醬。將蛤蜊放進鹽水（不在食譜分量內）中去砂，仔細清洗。將蛤蜊及白酒一起放入廣口鍋中蓋上蓋子以中火蒸煮。蛤蜊殼打開之後就去殼，將蛤蜊肉放回鍋中。加入奶油後關火，放入低筋麵粉攪拌到與湯汁融合。融合後加入豆乳繼續燉煮做成醬汁。

3　將步驟1的真薯捏成60g一個，灑上紫蘇。以160℃油炸。

4　盛裝步驟2的醬汁、擺上步驟3的材料。

干貝炸切絲百合根

ゆき椿

切成一整塊的干貝搭配百合根。
將帶有甜味的材料放在一起做成炸餅。
為了不讓材料散開，以稍微稠些的天婦羅麵糊做成麵衣。

溫度時間：140℃炸3分鐘、最後160℃
預想狀態：以較低溫度好好去除百合根的水分，使其熱騰騰且甜味十足。最後則為了帶出干貝的焦香而使用高溫。

干貝…2個
百合根…70g
低筋麵粉、天婦羅麵糊（低筋麵粉、雞蛋、水）、炸油
天婦羅醬汁慕斯（容易製作的分量）
　高湯…360cc
　日本酒、味醂、淡口醬油…各45cc
　膠原粉…10g
鹽

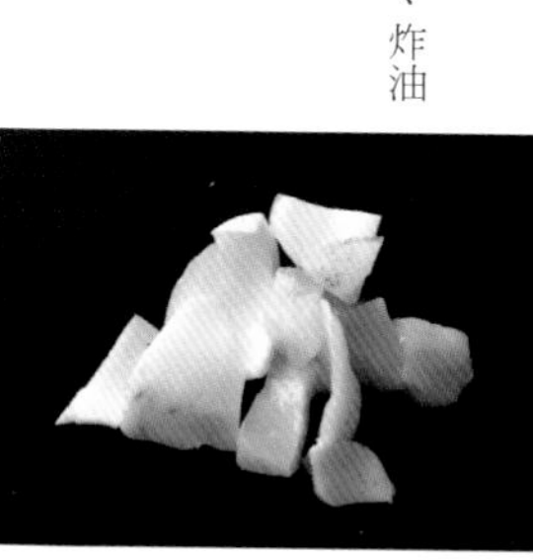

1 將干貝與百合根清理乾淨後切成大塊放入大碗中。將干貝與百合根都灑上低筋麵粉，放入較濃稠的天婦羅麵糊攪拌在一起，以140℃油炸。

2 最後提升溫度，將干貝炸到焦香。

3 製作天婦羅醬汁慕斯。將膠原粉以外的材料混在一起煮沸。沸騰後就關火，將以水泡開的膠原粉溶化在鍋中。

4 將步驟3的材料移到大碗中，外側放上冰水並以打蛋器一邊攪拌一邊冷卻，如此一來會逐漸凝固。將材料轉移到密封容器中冷卻凝固。

5 盛裝炸餅，附上切成塊狀的天婦羅醬汁幕斯及鹽巴。

裏粉炸螢魷、沙拉風味

根津たけもと

裏粉的麵衣只要火侯足夠，就算裡面是帶水分的材料，也能維持麵衣酥脆。是最適合用來添加到沙拉等料理中的麵衣。

溫度時間：170℃炸4～5分鐘
預想狀態：讓麵衣火侯充分而酥脆。

螢魷（水煮）
綠蘆筍（隨意切段）
裏粉麵衣（低筋麵粉100g、碳酸水100cc）
番茄、新馬鈴薯、筍子（去澀）
豌豆、八方醬（高湯8：味醂1：淡口醬油0.2、水鹽少許）
洋蔥沙拉醬＊
黑胡椒、山椒嫩葉

＊洋蔥磨泥後添加酸橘醋、鹽調味，滴一些麻油。

1 番茄汆燙去皮。新馬鈴薯以鹽水煮熟。都切成容易食用的大小。筍子煮熟後切成容易食用的大小。
2 豌豆煮熟後浸泡在八方醬當中。
3 準備裏粉麵糊。將低筋麵粉放入大碗中，以碳酸水溶解。稍微靜置一下能讓麵糊比較穩定（馬上使用的話，麵衣很容易膨脹）。
4 去掉螢魷的眼及口、擦乾。將螢魷及綠蘆筍都沾上裏粉麵糊，以170℃油炸4～5分鐘。要注意綠蘆筍的穗尖容易燒焦，因此最好使用較下方的莖段。
5 瀝油，將步驟**1**和**2**的蔬菜拌在一起，以洋蔥沙拉醬調和。裝盤之後灑上黑胡椒及山椒嫩葉。

竹筍飯 炸螢魷

西麻布　大竹

竹筍飯的變化版。換個角度添加帶濃郁感的螢魷以及鴨兒芹的炸餅。濃郁且帶有酥脆口感，因此裝盤的時候不要攪拌，直接放在飯上提供。

溫度時間：175℃炸2分鐘
預想狀態：適當去除螢魷的水分。

螢魷（水煮）…8條
鴨兒芹葉片（大致切一下）…10g
低筋麵粉、薄麵糊（低筋麵粉、雞蛋、水）、炸油

竹筍飯
- 洗好的米…300g
- 竹筍（已去澀）…100g
- 煮湯（第一道高湯250cc、淡口醬油15cc、味醂15cc）

1 將已經洗過瀝乾的米放入土鍋中，將調好的煮湯倒進去，放入切成薄片的竹筍之後蓋上，開大火。沸騰之後轉小火烹煮10分鐘再關火，蓋著蒸10分鐘。

2 將螢魷及鴨兒芹放入大碗中灑上低筋麵粉。慢慢將薄麵糊滴下去大致上攪拌一下。

3 將步驟2的材料放入預熱至175℃的炸油當中。炸的時候要適當去除螢魷的水分。

4 飯煮好以後就把炸餅放上去。盛裝在飯碗中，推薦客人攪拌後再享用。

◎各種麵衣

根據內餡改變麵衣，來為口感增添變化是非常有趣的。由於這些麵衣會比較硬脆，因此能好好保護當中的餡料。放入油當中時若油品溫度太高，麵衣會散開來，要多小心。

米餅粉。將柿種（米果）用食物處理機打碎製成。炸了之後顏色很容易變深，要多加注意。

這是把香煎玄米、白芝麻與乾麵包粉一起放進食物處理機打碎製成的麵衣。能讓料理炸得堅硬香脆。

將鹽味煎餅打碎製成。

粉紅色的糯米粉與乾麵包粉以7比3的比例搭配，以食物處理機打在一起。為了活用糯米粉的顏色，炸的時候不要炸得太老以免顏色太深。

蔥麵衣。磨碎的紅蔥即使炸過也會保留其鮮豔的顏色。

米線網。炸起來的口感很好，彷彿蕾絲的透明感也很美麗。因為能看見裡面，所以能用在五彩繽紛的甜點等料理上。米線網在熱油當中也能調整形狀。

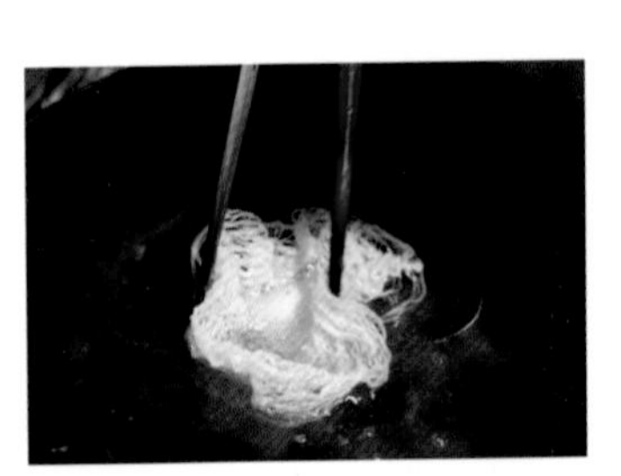

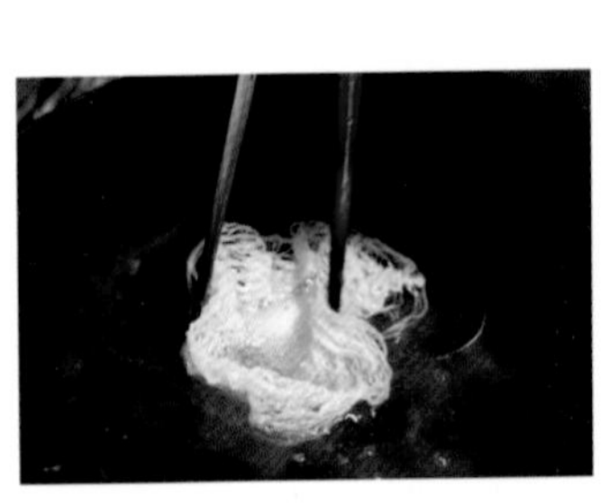

第二章

蔬菜油炸

海老芋湯品

蓮

煮到入味的海老芋，稍微炸一下之後，再以炭火烤，除了能帶出焦香，還能將油逼出來。佐以使用白味噌顯現風味的海老芋濃湯。

溫度時間：170℃炸3分鐘

預想狀態：要讓海老芋的中間也夠燙，使用中溫慢慢炸。

海老芋
滷汁（高湯500cc、淡口醬油100cc、味醂50cc、砂糖100g）
低筋麵粉、炸油

濃湯

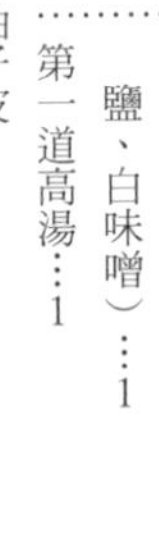

海老芋泥（海老芋、第一道高湯、鹽、白味噌）…1
第一道高湯…1

柚子皮

1 將海老芋配合碗的大小切成大塊，以中小火蒸40分鐘。如果不是用蒸的而用煮的，會讓高湯變得非常混濁。為了不要讓海老芋散開，滷之前最好先蒸熟。

2 將滷汁材料放在一起煮沸，把步驟**1**的海老芋以最小的小火煮15分鐘。關火之後靜置在滷汁當中冷卻。放置1天使其入味。

3 準備濃湯。先處理好海老芋。在第一道高湯中添加鹽及白味噌調味，將切成小塊的海老芋放進去慢慢煮20分鐘。然後用處理機打成濃湯狀。這裡要做得濃一些，提供時再用等量的第一道高湯調開。

4 將步驟**2**的海老芋瀝乾，灑上低筋麵粉，以170℃的油炸到中心也是熱的。

5 將步驟**4**中炸好的海老芋放在炭火上逼油，同時留下炭香之後盛入碗中。

6 將濃湯醬以第一道高湯化開加熱，倒入碗中。最上方灑上磨碎的柚子皮。

煮穴子魚棒壽司 髮絲紫蘇

西麻布　大竹

在煮穴子魚的棒壽司上方，放上切成髮絲形狀的炸紫蘇，增添口感、香氣、色彩。這裡介紹的是炸香料蔬菜添加在料理上的方法。

溫度時間：180℃炸30秒
預想狀態：不要炸不均勻。重視顏色。

煮穴子魚
穴子魚…1條
滷汁…（濃口醬油200cc、味醂100cc、昆布高湯100cc、日本酒100cc）

醋飯
白飯…2合米
壽司醋＊

紫蘇、炸油

＊醋50cc、砂糖20g、鹽5g、適量昆布混合在一起。不必加熱、直接混合。

1 製作煮穴子魚。穴子魚從背部剖開在皮上淋熱水，去除黏膩。將穴子魚放進鍋中，倒入能蓋過魚的滷汁然後開火。蓋上蓋子以小火煮25分鐘，靜置冷卻。

2 將白飯與壽司醋拌在一起，壓掉空氣之後成為醋飯。在竹簾上鋪保鮮膜，放上魚皮朝上、已經擦乾的煮穴子魚，並放上已經捏成棒狀的醋飯。

3 將竹簾從邊緣捲起，適當壓緊壽司。

4 把紫蘇切成細條後瀝乾，放入預熱至180℃的炸油快速油炸，然後用吹風機等迅速吹涼。

5 將竹簾從步驟3的棒壽司外取下，包著保鮮膜切段之後再拿掉保鮮膜。附上步驟4的紫蘇。

大浦牛蒡與牛筋

まめたん

與牛筋一起燉煮的大浦牛蒡切得厚一些，
為了不使其燒焦而包裹較稠的天婦羅麵糊來炸。
最重要的就是有柔軟牛蒡與麵衣的相異口感。

溫度時間：170℃炸2～3分鐘
預想狀態：牛蒡要有爽脆口感並帶焦香。

大浦牛蒡
牛筋
滷汁（水10：日本酒1：濃口醬油1：砂糖0.5：
味醂0.5：生薑、洋蔥、長蔥各適量）、
醬油膏
較稠的天婦羅麵糊（低筋麵粉、蛋黃、水）、炸油
卡馬格地區的鹽巴、黑色七味辣椒粉、芽蔥

1 將大浦牛蒡與牛筋各自煮熟以後，再以大量滷汁燉煮牛蒡與牛筋。沸騰之後將火轉小，燉煮1小時左右。如果滷汁減少了就要加水。

2 將步驟**1**的火關掉以後靜置1晚，第二天再煮1小時左右，添加少量醬油膏之後靜置冷卻。

3 將牛蒡切成2cm長，取適量滷牛蒡一起加熱。

4 取出牛蒡過較稠的天婦羅麵糊，以手指抹去多餘麵糊，讓麵糊只有薄薄一層，然後以170℃炸2～3分鐘。

5 將步驟**4**的牛蒡灑點鹽之後裝盤，並將步驟**3**的滷牛筋代替羹湯淋上去，灑上黑色七味辣椒粉。最後擺上切短的芽蔥。

溫度時間：160℃炸3分鐘
預想狀態：以低溫多花點時間讓蝦真薯熟透。

堀川牛蒡、滷汁（高湯9：濃口醬油1：味醂1）
蝦真薯（容易製作的分量）
……剝好的蝦子…500g
　白肉魚泥…500g
　蛋漿＊…200g
蛋白、太白粉、炸油

堀川牛蒡醬（燉煮過的堀川牛蒡、滷汁）

＊將蛋黃3個放入大碗中，以打蛋器攪拌後慢慢添加沙拉油180g，使其成為美乃滋的樣子。

1 洗好堀川牛蒡，切成能夠放入壓力鍋中的大小並放入鍋中，添加水與少量醋（不在食譜分量內）後煮20分鐘使其軟化，然後清洗。

2 將滷汁調配好，將步驟**1**的牛蒡放進去煮20分鐘。靜置冷卻使其入味。牛蒡冷卻以後切成4～5cm長，用圓筒將牛蒡中心挖空，一部分使用在醬汁當中。

3 製作蝦真薯。將白肉魚泥500g、蛋漿200g用攪拌機打在一起。去殼蝦肉以菜刀拍碎後也放進去。

4 把真薯填進步驟**2**的牛蒡當中。過蛋白液之後沾滿太白粉，使用160℃的炸油炸到連真薯都熟透。

5 製作堀川牛蒡醬。將步驟**2**燉煮過的牛蒡趁熱以食物處理機打碎放到鍋中，慢慢添加滷汁並開火熬煮，調整成適當濃度。

6 將步驟**4**的牛蒡切個漂亮的切口，並直切成容易食用的大小。將步驟**5**的醬料鋪平後放上牛蒡。

堀川牛蒡 炸蝦真薯 堀川牛蒡醬

おぐら家

較大的約為直徑5～6cm、長80cm、重約1kg的堀川牛蒡，是京都的傳統蔬菜。由於是這樣的形狀，經常會在當中填塞餡料。除了真薯以外，也可以塞雞或鴨絞肉。

堀川牛蒡塞鴨肉泥

蓮

堀川牛蒡用蒸的使其略帶甜辣。
當中添加鴨肉獨特美味。
藉由油炸讓表面帶有酥脆口感且添加油脂濃郁。

溫度時間：165℃炸4分鐘，慢慢提升溫度到180℃炸2分鐘
預想狀態：以較低溫度慢慢油炸，讓鴨肉好好熟透。

堀川牛蒡
滷汁（高湯500cc、濃口醬油150cc、味醂80cc、砂糖60g）
鴨肉餅（鴨里肌、長蔥、薑汁）
低筋麵粉、薄麵糊（低筋麵粉3：玉米粉1：碳酸水1.5）、炸油
羹（高湯300cc、濃口醬油80cc、味醂20cc、有馬山椒10g、葛粉適量）
蔥白絲、黑色七味辣椒粉

1 堀川牛蒡不要切，蒸1小時左右使其柔軟。
2 將滷汁材料混在一起，把蒸過的堀川牛蒡放進去燉煮15分鐘左右使其略帶甜辣，靜置冷卻。
3 製作鴨肉餅。將鴨里肌去皮之後切為大塊。與剁碎的長蔥和薑汁混在一起。
4 將步驟2的堀川牛蒡切成1.5cm長的圓圈，將步驟3的鴨肉塞進去，兩個疊在一起。灑上低筋麵粉、過薄麵糊之後放入預熱至165℃的炸油中，慢慢油炸讓鴨肉熟透。最後提升溫度後瀝油。
5 同時要準備羹。將濃口醬油、味醂、敲碎的有馬山椒都放進高湯中加熱，慢慢添加以水化開的葛粉來調整濃稠度。
6 盛裝步驟4材料、淋上步驟5的羹，最上面放上蔥白絲並灑上黑色七味胡椒粉。

照燒脆牛蒡

西麻布　大竹

將已經入味的牛蒡炸兩次，
不同品種的牛蒡可能要炸3次會比較香，
拌上口味甜辣的醬汁，是適合作為下酒菜的一道料理。

【溫度時間：175℃炸5分鐘、取出2分鐘、然後再用175℃炸5分鐘
預想狀態：為了不要燒焦而分次油炸，要徹底脫水。】

牛蒡
滷湯底（第一道高湯、鹽、淡口醬油）
太白粉、炸油
醬汁（濃口醬油100cc、味醂150cc、
醬油膏70cc、日本酒50cc、冰糖150g）
辣椒粉、細蔥（切小段）

1　將牛蒡切成5cm長，剝成容易食用的大小。先煮過以後泡在滷湯底中使其入味。

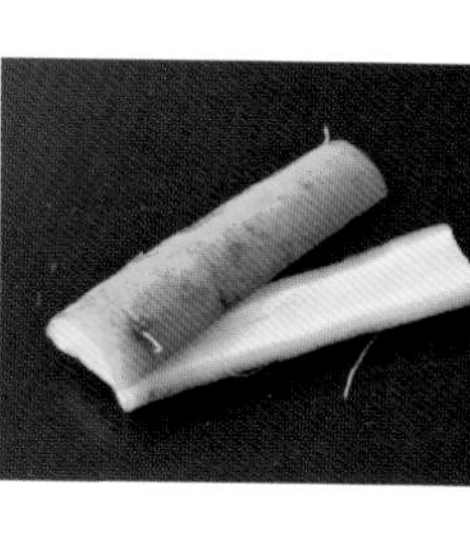

2　擦乾牛蒡以後，灑上太白粉，以175℃油炸5分鐘。取出靜置2分鐘以餘溫加熱，之後再次油炸、完全去除水分。炸到酥脆以後再起鍋瀝油。

3　將醬汁的材料都放進平底鍋中開火燉煮。

4　等到醬汁出現濃稠度，就把步驟2的牛蒡放進去拌，再灑上切小段的細蔥與辣椒粉，攪拌後上桌。

番薯片

楮山

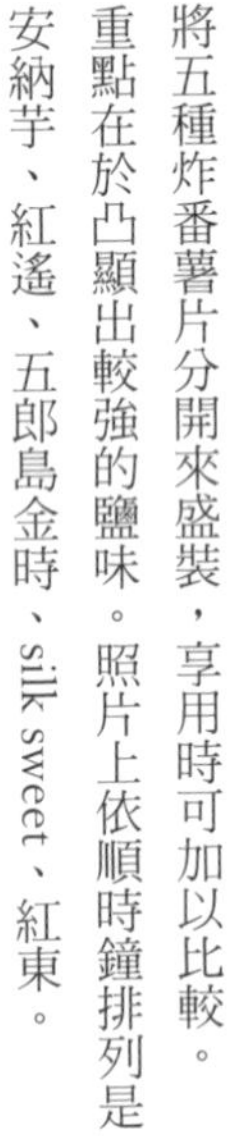

將五種炸番薯片分開來盛裝，享用時可加以比較。重點在於凸顯出較強的鹽味。照片上依順時鐘排列是安納芋、紅遙、五郎島金時、silk sweet、紅東。

［**溫度時間**：160℃炸5分鐘、最後170℃
預想狀態：以低溫去除番薯的水分。注意不要燒焦。］

番薯（安納芋、紅遙、五郎島金時、silk sweet、紅東）
炸油、鹽

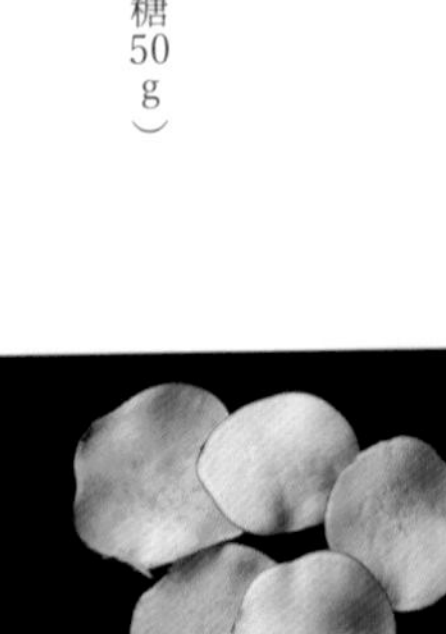

黃豆粉砂糖（黃豆粉100g、上白糖50g）

1 將番薯以削刀切成薄片，以水清洗20分鐘，適度去除澱粉。
2 用廚房紙巾擦乾水分以後，使用160℃慢慢油炸約5分鐘去除水分。最後提升溫度會比較不那麼油膩。
3 自油中取出便灑上鹽巴、瀝油。
4 將黃豆粉與砂糖依食譜上的比例混合。
5 將黃豆粉砂糖盛入容器中，不同種類的番薯片分別插在上面擺盤。為了讓人明白品種，提供的時候會放上名牌。

番薯脆條

ゆき椿

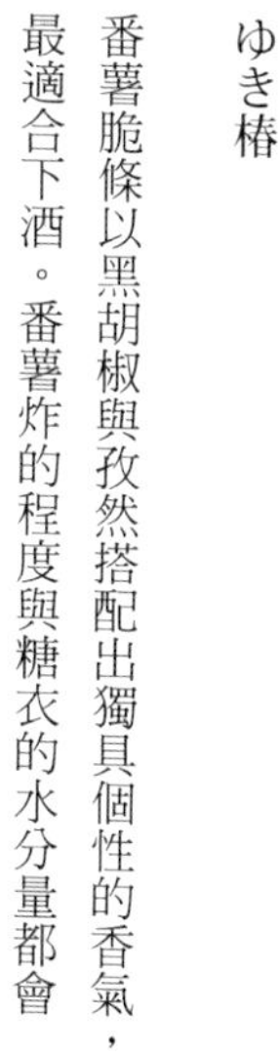

番薯脆條以黑胡椒與孜然搭配出獨具個性的香氣，最適合下酒。番薯炸的程度與糖衣的水分量都會改變脆條的硬度，可以依自己喜好調整。

「**溫度時間**：120℃炸15～20分鐘
預想狀態：以低溫油讓番薯脫水的感覺。」

番薯（紅東）…150g
炸油
糖衣（粗糖30g、水20cc、鹽0.5g、孜然粉3g、黑胡椒1g）

1 將番薯切成5㎜方條棒狀。以水洗10～15分鐘後擦乾。

2 將番薯條放入120℃的炸油當中，花費15～20分鐘慢慢炸到番薯條脫水而酥脆。

3 準備糖衣。將所有材料都放入平底鍋中煮沸，把步驟2的番薯條放進去開中火並同時攪拌。等到收乾以後就取出，鋪開來冷卻。

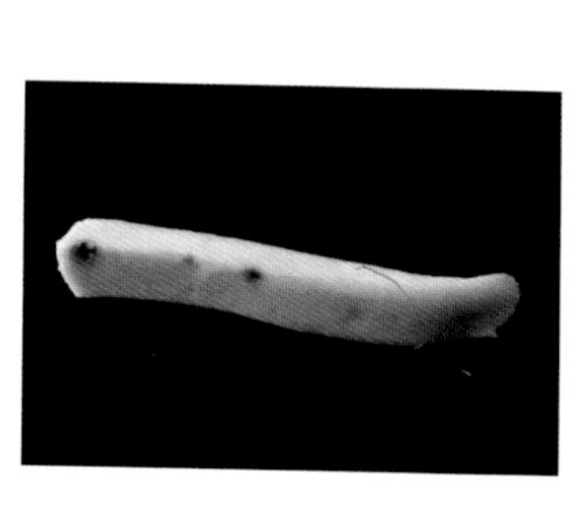

新馬鈴薯爽脆沙拉

西麻布　大竹

素炸的新馬鈴薯放在菜絲沙拉上，
增添油脂濃郁及爽脆的
輕爽口感。

櫛瓜花包玉米嫩蝦

おぐら家

櫛瓜的花苞很容易就熟了，
但真薯又非常花時間，
因此要特別注意別讓花苞焦了。
混在真薯當中的蝦子切大塊些，保留口感。

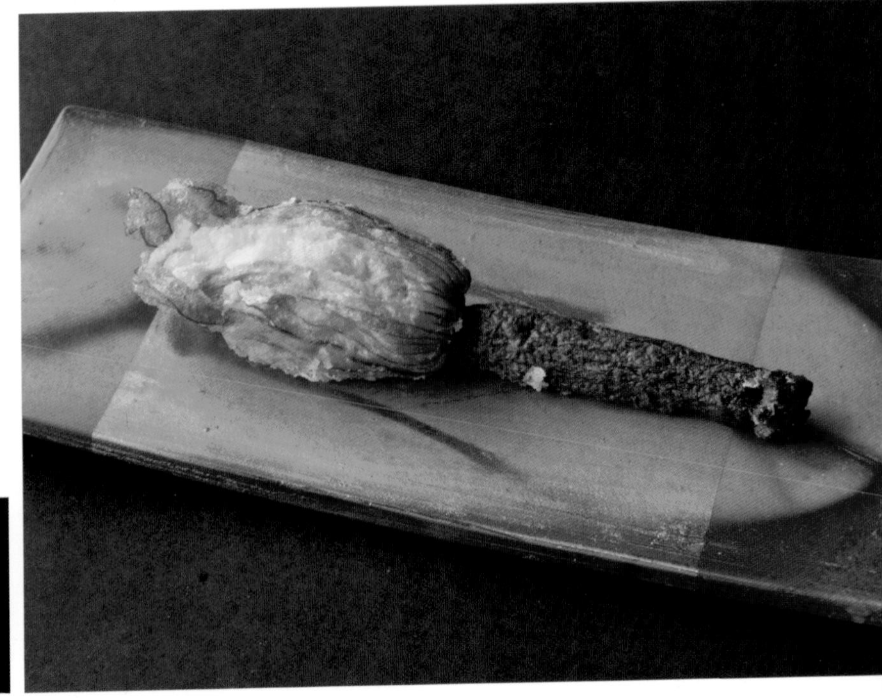

炸荷蘭豆與蝦子真薯佐蛤蜊豆羹

久丹

有著清爽口感的豌豆莢，包裹蝦子真薯去炸，淋上有著蛤蜊甘甜的豌豆羹，是一道春天料理。

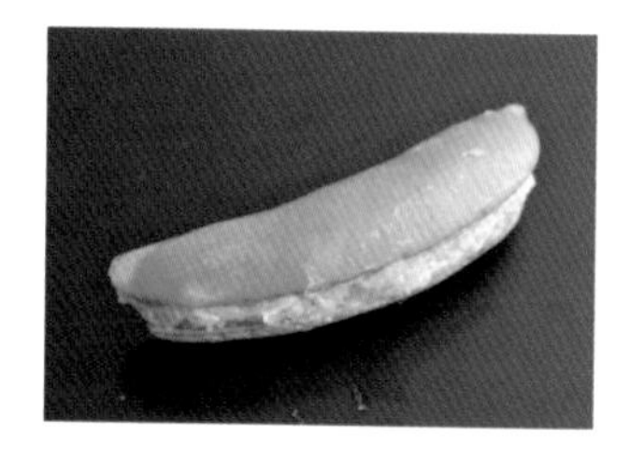

新馬鈴薯爽脆沙拉

西麻布　大竹

溫度時間：175℃炸50秒、最後180℃
預想狀態：散放在高溫油中，快速炸一下不要太深色。

新馬鈴薯（切絲）
炸油、鹽
菜絲沙拉（蘿蔔、紅蘿蔔、紫蘇、茗荷、小黃瓜）
醬油凍（容易製作的分量）
　第一道高湯…175cc
　淡口醬油…25cc
　味醂…25cc
　膠原粉…4g

1　準備醬油凍。將淡口醬油、味醂加入高湯中開火，加入以水化開的膠原粉溶於其中。放到密封容器當中冷卻凝固。固定以後就先攪碎。

2　將菜絲沙拉用的蔬菜都切成細絲之後放在水中去澀，之後撈起來瀝乾。

3　將切成絲的馬鈴薯快速洗一下，去掉表面的澱粉，好好擦乾。散開放入175℃的炸油當中，提升溫度後浮起來就馬上起鍋瀝油灑鹽，待其冷卻。

4　將菜絲沙拉裝盤後，放上大量馬鈴薯。周圍倒入事先做好的醬油凍。

櫛瓜花包玉米嫩蝦

おぐら家

溫度時間：160℃炸3~4分鐘
預想狀態：要讓真薯熟透，以低溫油慢慢炸。

櫛瓜花
內餡（玉米、蝦子真薯＊）
太白粉、炸油
鹽

＊將去殼的蝦子500g大致上切一下。與白肉魚泥500g及蛋黃3個量的蛋漿＊＊以食物處理機徹底打勻，然後混入切好的蝦肉。
＊＊將蛋黃3個放入大碗中，以打蛋器攪拌後慢慢添加沙拉油180cc，使其成為美乃滋的樣子。

1　準備內餡。在蝦子真薯當中混入適量新鮮玉米粒。

2　將櫛瓜花的花蕊摘除，內側以刷毛刷上太白粉，並填入約40g的步驟**1**內餡。

3　在櫛瓜花外側灑上太白粉，以160℃油炸。注意不要讓花燒焦了。瀝油之後盛裝到容器中，灑上鹽巴。

炸荷蘭豆與蝦子真薯佐蛤蜊豆羹

久丹

溫度時間：170℃炸3分鐘
預想狀態：以中溫多花費些時間，讓當中填的真薯能夠熟透。

荷蘭豆、葛粉
日本對蝦真薯（容易製作的分量）
……日本對蝦…300g
　嫩洋蔥（剁碎）…30g
　蛋漿＊…30g
　葛粉…少量
天婦羅麵糊（低筋麵粉、水）、炸油

豆羹
……荷蘭豆
　蛤蜊高湯（蛤蜊、日本酒1：高湯0.5：水2.5）
文旦皮（切絲）

＊將蛋黃1個放入大碗中，以打蛋器攪拌後慢慢添加沙拉油40cc，使其成為美乃滋的樣子。

1 將荷蘭豆的豆莢打開取出豆子。

2 製作對蝦真薯。將日本對蝦去頭與蝦殼並剁碎蝦肉。與洋蔥、蛋漿、僅作為結合劑分量的葛粉大致拌在一起。

3 將荷蘭豆的豆莢內側以刷毛刷上葛粉，將真薯填入包住。

4 製作豆羹。首先準備蛤蜊高湯。將殼徹底洗淨後依照食譜上的比例，搭配日本酒、高湯，將蛤蜊浸泡在當中開火。等到殼張開以後就關火，將蛤蜊肉取出。

5 加熱蛤蜊高湯，放入荷蘭豆的豆子。等到豆子熟了以後，就取出來將蛤蜊肉放回，以畫圓的方式攪拌高湯，並慢慢添加以水化開的葛粉來做成羹湯。

6 將步驟3的荷蘭豆裹上天婦羅麵糊，以中溫（170℃左右）好好炸熟。等到中間的真薯熟了以後，就可以取出瀝油。

7 將步驟6的荷蘭豆蝦真薯盛裝於容器當中，淋上熱騰騰的步驟5羹湯。最上面添加切成絲的文旦皮。

蠶豆吉拿棒

楮山

非常適合用來作為前菜的點心食品。也可以使用在自助取餐型的宴會上。吉拿棒的麵糊擠出來以後先冷凍，在冷凍狀態下去炸就能炸得非常漂亮。

裹粉炸蠶豆饅頭

蓮

用濾網壓碎過濾的蠶豆饅頭，用炭火烤過會有像燒餅的焦香。
海鼠子的鹽味與蠶豆非常對味，最適合當下酒菜。

譯註：海鼠子是日本特有的乾貨，將海參的卵巢曬乾製成。

炸蠶豆

久丹

淡綠色的蠶豆包裹淺紅色的蝦子真薯，是春天的油炸料理。沾上麵包粉很容易顯得厚重，但又想要增添香氣，因此用果汁機將麵包粉打碎做成輕巧麵衣。

蠶豆吉拿棒

楮山

溫度時間：160℃炸5分鐘
預想狀態：想炸得非常輕巧，因此表面脆但是不要太硬。

蠶豆泥（蠶豆、鹽）…80g
奶油…50g
牛奶…30g
水…70g
低筋麵粉…80g
蠶豆…適量
炸油
糖粉

1 製作蠶豆泥。將蠶豆去豆莢後鹽煮，一部分用濾網壓碎過濾。剩下的打碎。

2 將奶油開火融化，與牛奶和水拌在一起。添加低筋麵粉攪拌，然後開火。等到變得滑稠就將步驟1的蠶豆泥加入，製作餡料。

3 將步驟2的餡料裝進擠花袋。在烤盤鋪上烘焙紙，擠出5～6cm長。上面灑上步驟1打碎的豆子後直接冷凍。

4 將冷凍狀態的吉拿棒放進預熱至160℃的油中。等到稍微有點顏色就取出，灑上一些糖粉。目標是輕盈酥脆。

5 將新鮮的蠶豆與吉拿棒盛裝在一起。

裏粉炸蠶豆饅頭

蓮

溫度時間：180℃炸2分鐘
預想狀態：因為裡面已經熟了，因此只要炸好麵衣、裡面是溫的就可以了。

蠶豆、鹽
低筋麵粉、薄麵糊（低筋麵粉3：玉米粉1：碳酸水1.5）、炸油
海鼠子

1 將蠶豆連豆莢蒸20分鐘。

2 將蠶豆鋪平在烤盤上密封冷卻，去掉豆莢及皮以後以濾網壓碎過濾。如果太硬的話就加一點水濕潤。添加鹽巴後捏成1個35g的球狀。

3 以刷毛將低筋麵粉刷在步驟2的球上，過薄麵糊以後以180℃油炸。表面酥脆後就取出，以炭火炙燒成金色、增添焦香。

4 附上炙燒的海鼠子。

炸蠶豆

久丹

溫度時間：蠶豆以160℃炸2分鐘、最後180℃
蝦頭以160℃炸1分鐘、最後180℃
預想狀態：蠶豆要好好炸熟，讓豆子導熱到中間的真薯使其熟透。附上的蝦頭要好好炸過使其脫水。

蠶豆、葛粉
日本對蝦真薯（容易製作的分量）
- 日本對蝦…300g
- 嫩洋蔥（剁碎）…30g
- 蛋漿＊…30g
- 葛粉…少量

低筋麵粉、蛋液、乾麵包粉（顆粒細緻款）、炸油
鹽

＊將蛋黃1個打散，慢慢添加沙拉油40cc，攪拌使其成為美乃滋的樣子。

1 製作日本對蝦真薯。將日本對蝦去頭剝殼，以菜刀將蝦肉拍碎。與洋蔥、蛋漿、僅作為結合劑分量的葛粉大致拌在一起。

2 剝掉蠶豆豆莢，去皮之後掰開。在豆子內側刷上葛粉。

3 以步驟2的蠶豆夾起步驟1的真薯。外側以刷毛刷上低筋麵粉，過蛋液之後灑上麵包粉。

4 放入160℃的炸油當中慢慢加熱，浮起來就將油溫提升至180℃起鍋。

5 將日本對蝦的蝦頭擦乾，以160℃的油炸，最後提升到180℃將蝦頭做成酥脆的素炸料理。

6 將步驟4的成品盛裝在豆莢上，擺上蝦頭及櫻花枝。

炸豬肉片包紅心蘿蔔與綠心蘿蔔

おぐら家

活用紅綠蘿蔔色調之美。
外側包上與蘿蔔非常對味的豬肉，
添加美味與濃郁感。

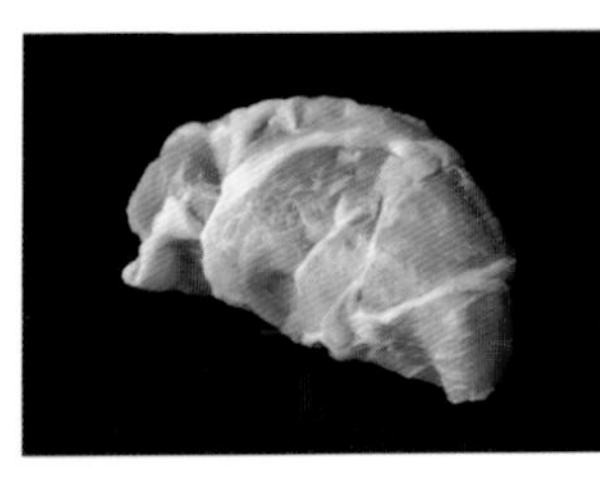

炸扇形筍白

蓮

筍子先以炭火烤過，
濃縮其甘甜以後以醬油增添香氣再炸。
為了凸顯筍子本身的口味，麵衣要薄些。

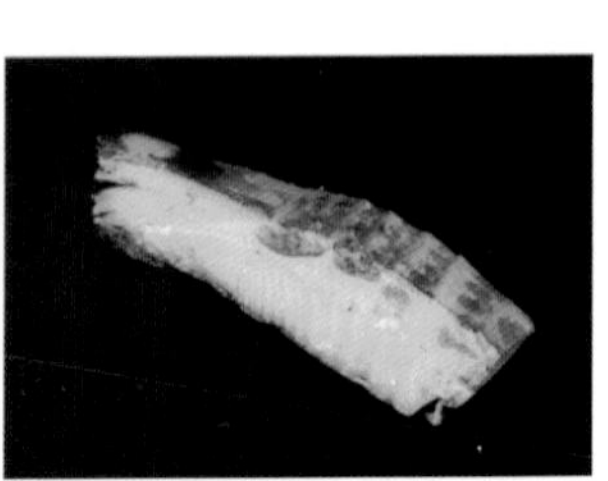

年糕炸筍 烤烏魚子

格山

沾上年糕粉炸到爽脆的筍子、與炙燒的烏魚子，是充滿焦香、適合春季的料理。筍子先以清淡口味燉煮過。

炸筍拌山椒嫩葉味噌

根津たけもと

拌上微溫的醋味噌。剛炸起鍋的筍子以山椒嫩葉味噌拌過，味噌也更加濃郁、且凸顯出醋香及山椒嫩葉香氣。

炸豬肉片包紅心蘿蔔與綠心蘿蔔

おぐら家

溫度時間：170℃炸2分鐘
預想狀態：因為想活用蘿蔔鮮豔的顏色和口感，因此不能炸太老。
在外層包上豬肉，以蒸的感覺處理中間的蘿蔔。

紅心蘿蔔
綠心蘿蔔
豬里肌肉（薄片）
太白粉、炸油
岩鹽

1 將紅心蘿蔔與綠心蘿蔔都切成比較厚的方塊（長4.5cm×寬3cm×厚3cm）。
2 以豬里肌薄肉片捲起蘿蔔。
3 以刷毛刷上太白粉，使用170℃油炸。炸的時候以蒸的感覺處理中間的蘿蔔。
4 起鍋後將兩端切整齊裝盤。附上岩鹽。

炸扇形筍白

蓮

溫度時間：170℃炸3分鐘
預想狀態：筍子已經是溫的，因此只要短時間油炸讓麵衣有熟即可。

竹筍（去澀）
高湯醬油（高湯1：濃口醬油1）
低筋麵粉、白麵糊（水1：太白粉1）、炸油

白玉味噌*、山椒嫩葉

*白味噌500g、蛋黃4個量、日本酒45cc、味醂45cc、砂糖110g仔細攪拌混合以後開火慢慢攪勻。

1 將筍尖切成扇形。以串燒的方式烤過。中途要塗一次高湯醬油。
2 將步驟**1**的筍子灑上低筋麵粉，過白麵糊後以170℃快速炸一下。
3 擺上炙燒過的筍皮裝盤，灑上山椒嫩葉。附上適量白玉味噌。

年糕炸筍 烤烏魚子

格山

溫度時間：180℃炸2分鐘
預想狀態：使用高溫一口氣炸起來，保留筍子的多汁感又讓表面酥脆。

竹筍（去澀）
滷汁（高湯10：淡口醬油1：味醂1、鹽少許）
年糕粉、炸油

烏魚子
……烏魚卵、鹽水、鹽
……滷湯（日本酒2.5公升、米燒酒1公升、淡口醬油300g、味醂50g、柴魚30g、昆布1片）
白蘆筍、鹽、沙拉油
山椒嫩葉

1 將竹筍切成扇形，與調好的滷汁一起煮。沸騰之後關小火燉煮10分鐘，放到密封容器以冰水快速冷卻。
2 擦乾竹筍之後灑上年糕粉，以180℃油炸讓表面酥脆。
3 白蘆筍以鹽水煮過，放進抹了沙拉油的平底鍋翻炒。最後灑上鹽巴調味。
4 將竹筍、以噴槍炙燒過的烏魚子、白蘆筍裝盤後灑上山椒嫩葉。
5 烏魚子處理方式如下。將烏魚卵浸泡在水中去血。接下來放在海水程度的鹽水當中浸泡3小時，然後擦乾，抹鹽以後靜置6小時。
6 將滷湯調味料混合在一起，放入廚房紙巾包裹好的柴魚、昆布。將洗去鹽巴的烏魚卵巢放在滷湯裡浸泡一天。取出之後風乾2～3天，在半生狀態下真空冷凍保存。使用時放到冷藏庫解凍。

炸筍拌山椒嫩葉味噌

根津たけもと

溫度時間：170℃炸2～3分鐘
預想狀態：為竹筍增添焦香、表面稍微多點色彩。

竹筍（去澀）、濃口醬油
太白粉、炸油
山椒嫩葉味噌（白玉味噌＊8：醋1：山椒嫩葉適量、黃芥末少許）
＊白味噌100g、蛋黃1個量、砂糖15g、味醂15cc、日本酒100cc仔細攪拌混合以後開火慢慢攪勻。

1 將筍尖切成扇形。放入大碗中、灑上少量濃口醬油。添加醬油能夠讓竹筍炸成比較美味的深色。
2 灑上太白粉，稍微噴一些水，以170℃油炸。噴水能讓麵衣更加穩固。
3 製作山椒嫩葉味噌。將剁好的山椒嫩葉放入大碗中，添加白玉味噌、醋、黃芥末（依個人喜好）混勻。
4 等到竹筍炸到顏色美麗香氣十足之後起鍋瀝油，趁熱與山椒嫩葉味噌拌在一起。

炸筍佐新芽羹

久丹

將一早挖出的竹筍原有的味道及香氣直接包裹起來油炸，沾附白色羹底的新芽羹以後，增添油脂濃郁。

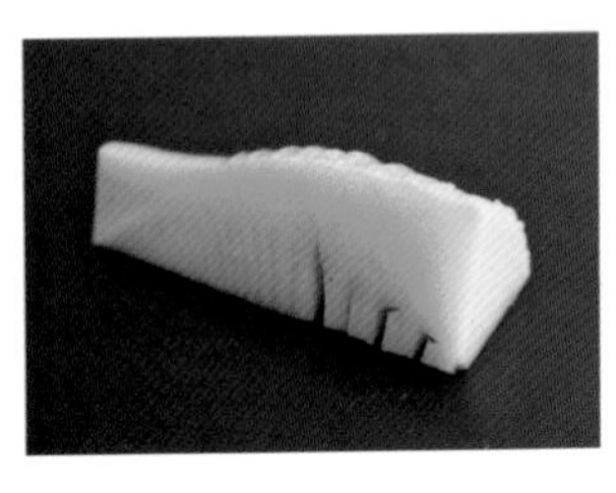

炭燒洋蔥

蓮

嫩洋蔥上市時節的料理。嫩洋蔥用蒸的會非常清爽，用炸的則能濃縮其甘甜，且糖分燒焦處帶焦香。最後塗抹高湯醬油炙燒更加美味。

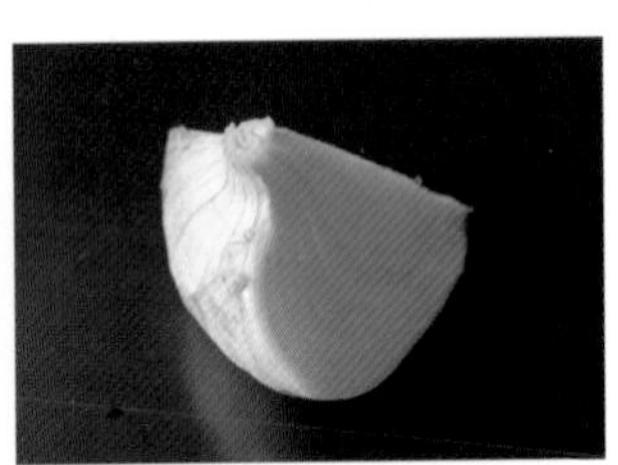

洋蔥縮緬揚

分とく山

將嫩洋蔥灑上大量魩仔魚去炸，很受歡迎的料理。魩仔魚太大條的話不好食用，因此請選用較小的，口感會比較好。

炸帶葉洋蔥涼拌毛蟹鮪魚絲

まめたん

春天的帶葉洋蔥與油脂非常對味，搭配毛蟹成為下酒菜。炸過的帶葉洋蔥容易油膩，用烤箱烤過可把油逼掉。用高湯醬油帶出葉洋蔥的甘甜。

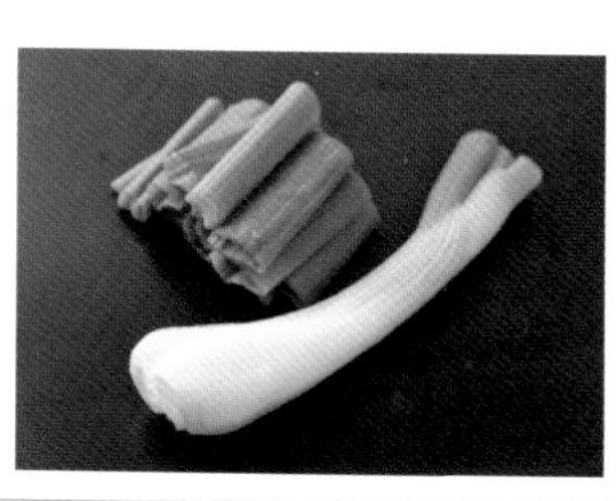

炸筍佐新芽羹

久丹

溫度時間：180℃炸2分鐘
預想狀態：因為已經熟了，因此只要讓筍子中間是熱的就行。用較高的溫度讓表面酥脆。

竹筍（現採）
滷汁（高湯10～12：淡口醬油1：味醂1）
炸油
新芽羹（新鮮海帶、高湯、鹽、淡口醬油、葛粉）
山椒嫩葉

1 竹筍剝皮後整個放入滷汁當中煮沸。沸騰之後關小火，燉煮4～5分鐘並於鍋中靜置冷卻。
2 製作新芽羹。新鮮海帶用熱水快速氽燙一下。
3 將鹽與淡口醬油加入高湯中，調整為口味較濃厚的湯頭。沸騰之後慢慢添加以水化開的葛粉，增加濃稠度製作白色羹底。
4 將竹筍切成扇形並擦乾，以180℃炸到香酥。
5 將步驟2的海帶放入步驟3的羹底加熱，炸好的竹筍快速在當中過一下就裝盤，淋上新芽羹。

炭燒洋蔥

蓮

溫度時間：160℃炸3分鐘
預想狀態：好好加熱，適當去除洋蔥整體水分濃縮其甘甜。不要軟綿綿的。

嫩洋蔥
炸油
高湯醬油（高湯1：濃口醬油1）

1 將嫩洋蔥剝到只剩下一層表皮後切成四等分的片狀。為了不要散開，使用牙籤固定。以160℃素炸3分鐘。如果溫度太高會讓洋蔥張開而容易散掉，要多加注意。
2 起鍋瀝油，以餘溫繼續加熱。
3 串起來以炭火燒烤，途中塗2～3次高湯醬油。最後以高溫燒烤、逼出油分。
4 拔掉烤串，連皮裝盤上桌。

洋蔥縮緬揚

分とく山

溫度時間：160℃炸1分半、最後用170℃炸30秒
預想狀態：如果溫度過高，外層的魩仔魚會散掉。
一開始先用低溫油炸來帶出洋蔥甘甜。

嫩洋蔥
低筋麵粉、結合劑（低筋麵粉60g、水60cc）
魩仔魚
炸油

1 洋蔥切成厚1.5cm的半月形。用牙籤固定以免散開。洋蔥切開以後放一段時間就會開始變形，最好是要料理前再切。

2 以刷毛將低筋麵粉刷在洋蔥上，沾附結合劑。以灑麵包粉的訣竅來將鋪在烤盤上的魩仔魚穩穩沾附在洋蔥上，稍微壓一下以免有空隙。

3 以160℃炸1分半，在洋蔥熟了以後就將油溫拉到170℃，這樣會比較酥脆。

4 起鍋瀝油，切成容易食用的大小裝盤。由於魩仔魚已經有鹽分，因此可以不用灑鹽。

炸帶葉洋蔥涼拌毛蟹鮪魚絲

まめたん

溫度時間：150℃炸5分鐘、將油溫拉到180℃以後
再放入葉片快速炸一下。取出之後以200℃烤箱烤5分鐘
預想狀態：軸的部分以低溫好好炸到入口即化且甘甜。
葉子的部分用高溫短時間。

帶葉洋蔥、炸油
毛蟹、昆布、日本酒、鹽
鮪魚絲、高湯醬油＊

鮪魚絲

＊濃口醬油加上柴魚、昆布、日本酒。

1 將毛蟹腳放在鋪了昆布的烤盤上，灑上日本酒、鹽巴後蒸1～2分鐘，去殼。也可以用烤的。

2 將帶葉洋蔥的軸和葉片分開。軸的部分使用150℃來油炸，為了帶出甘甜味要慢慢炸。等到油溫升到180℃就將葉片放入，快速炸一下。

3 取出軸部及葉片瀝油。葉片的部分不太好瀝，因此放入200℃的烤箱中烤5分鐘把油逼出來，就能有酥脆口感。也可以用烤網爐。

4 將帶葉洋蔥與高湯醬油、鮪魚絲拌在一起，與撕開的蟹腳肉交疊放置擺盤。最上面擺上鮪魚絲。

辣炒玉米

ゆき椿

雖然很少出現在和食當中，不過盛夏時帶刺激性的辛辣料理與啤酒或氣泡酒都十分對味。這是可以手拿取的大受歡迎點心食品。

「**溫度時間**：150℃炸2～3分鐘
預想狀態：玉米的顆粒有被油濕潤的感覺。類似中華料理的爆香。」

玉米
炸油
辛香料及香草（花椒、紅辣椒、剁碎的芫荽、剁碎的長蔥、焙煎芝麻）
鹽

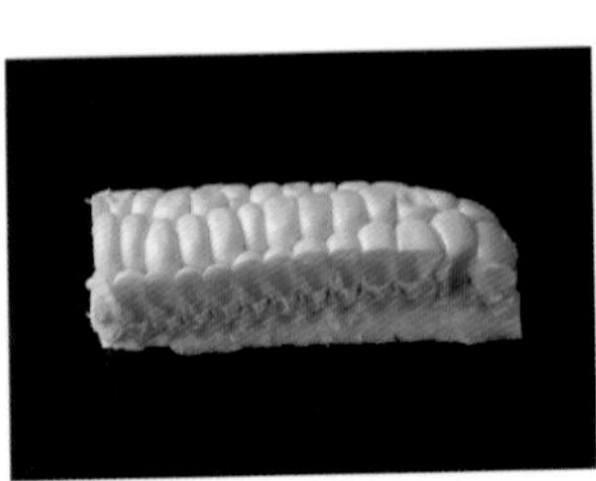

1　將玉米切成4等份以後，再切成容易食用的3等份長度，以150℃的油素炸。慢慢讓玉米粒熟了以後再瀝油。

2　在平底鍋抹油，放入花椒、紅辣椒之後開火，等到出現香氣之後就把芫荽、長蔥、焙煎芝麻和步驟1的玉米都放進去、灑鹽。

3　炒在一起為玉米調味，裝盤。

照燒玉米饅頭與鹽燒青鮭

西麻布　大竹

彷彿以焦香醬油燒烤玉米的一道料理。

將炸好的玉米饅頭做成醬油底的照燒料理。

炸過以後表面容易吸收醬料、口味較濃。與上頭擺的鹽燒青鮭中間夾醋漬蕪，以酸味使其更加爽口。

溫度時間：160℃炸4～5分鐘

預想狀態：讓饅頭表面酥脆。

玉米饅頭（容易製作的分量）
- 玉米…1支
- 葛粉…45g
- 第一道高湯…30cc
- 淡口醬油、鹽、砂糖…各少許

太白粉、炸油

醬料（濃口醬油50cc、日本酒50cc、味醂100cc、冰糖20g、醬油膏20cc）

青鮭（魚片）、鹽

醋漬蕪（切圓薄片）

細蔥（切小段）、七味辣椒粉

1　製作玉米饅頭。將玉米粒以處理機打碎，放入鍋中添加葛粉、第一道高湯後攪拌開火。沸騰之後轉小火並以木抹刀攪拌。等到不好攪動以後就加入鹽、淡口醬油、砂糖來稍微調味。冷卻以後捏成1個30g左右。

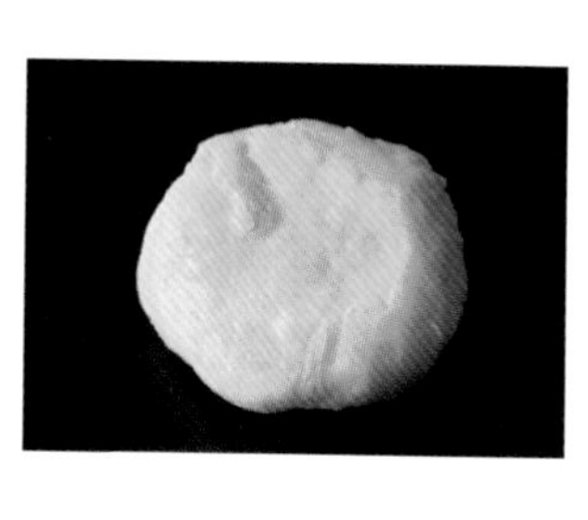

2　將青鮭灑鹽做成鹽燒。

3　步驟1的玉米饅頭以刷毛刷上太白粉，以160℃炸油好好油炸。將玉米饅頭瀝油以後，上串做成照燒，大約塗2次醬料。

4　將玉米饅頭盛裝在容器當中，夾著醋漬蕪再放上鹽燒青鮭。最上面擺上細蔥、灑七味辣椒粉。

翡翠茄子疊炸

分とく山

色彩鮮豔的翡翠茄子與白皙的魚肉泥疊在一起，做成疊炸。澎潤的魚肉泥熟透之後非常柔嫩。

溫度時間：170℃炸1～1分半

預想狀態：炸的時候盡可能不要讓茄子及白肉魚泥的水分跑掉。

長茄子…1條
白肉魚泥…200g
蛋漿*…40g
低筋麵粉、天婦羅麵糊（低筋麵粉60g、水100g）、炸油
鹽

*將蛋黃1個放入大碗中，以打蛋器攪拌後慢慢添加沙拉油120cc，使其成為美乃滋的樣子。

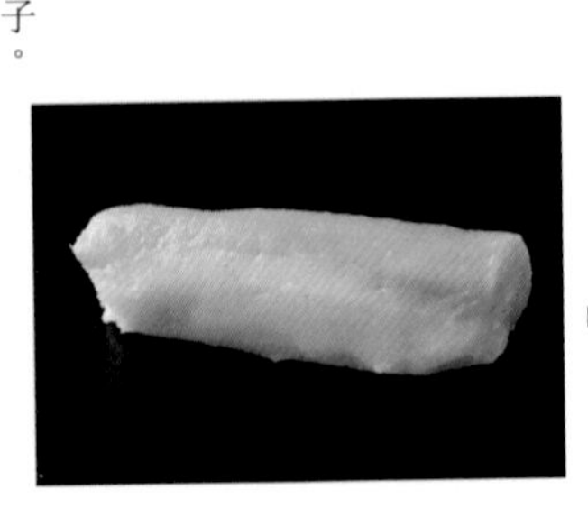

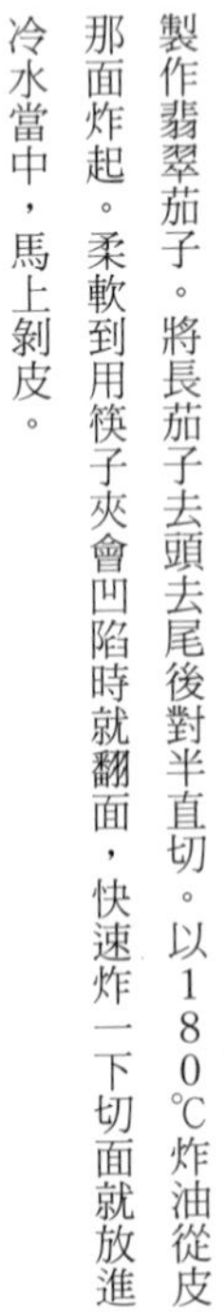

1 製作翡翠茄子。將長茄子去頭去尾後對半直切。以180℃炸油從皮那面炸起。柔軟到用筷子夾會凹陷時就翻面，快速炸一下切面就放進冷水當中，馬上剝皮。

2 茄子冷卻以後弄乾，以脫水墊夾住靜置30分鐘去除水分。

3 用研缽將白肉魚泥磨到非常滑順，添加蛋漿好好拌勻。將步驟2的茄子切面以刷毛刷上低筋麵粉，再厚厚塗上一層白肉魚泥。

4 步驟3的材料灑上低筋麵粉，過天婦羅麵糊以後以170℃油炸灑鹽。切成容易食用的大小後裝盤。

炸茄子與醋漬鯖魚 白芝麻醬

楮山

素炸以後浸泡在醋中的茄子酸酸甜甜，與帶油脂的醋漬鯖魚酸味相加。非常對味的酸甜以油脂融合展現。

溫度時間：170℃炸5分鐘
預想狀態：以低溫油慢慢加熱，讓茄子入口即化。

小茄子、炸油
醋漬液（醋5cc、砂糖1大匙、鹽少許、白胡椒與百里香各少許）
醋漬鯖魚
…鯖魚、鹽、醋、砂糖
醬油醃鮭魚卵
…鮭魚卵、醃漬液（高湯1：濃口醬油1：味醂1）
白芝麻醬＊
莢果蕨、鹽

＊將白芝麻100g、砂糖50g、鹽10g、醋30g、高湯30g以研缽研磨攪拌在一起。

1 將小茄子斜斜劃開，以170℃仔細油炸。等到茄子稍微放涼以後灑上醋、砂糖、鹽、白胡椒，放上百里香，緊緊包上保鮮膜（不要有空間），在冰箱中放一天醃漬。

2 製作醋漬鯖魚。將鯖魚片成三片以後，抹滿鹽巴靜置40分鐘，然後泡在添加少量砂糖的醋當中。如果已經無法再吸收醋，就把鯖魚取出，用保鮮膜包起來。

3 製作醬油醃鮭魚卵。在熱水中把鮭魚卵分開，浸泡在調好的醃漬液當中40分鐘然後瀝掉醃漬液，放在密封容器中保管。

4 提供時先將鮭魚卵盛在容器當中，然後擺上切成單片的醋漬鯖魚和步驟1的小茄子。淋上白芝麻醬，再附上鹽煮過的莢果蕨。

起司炸圓茄與番茄

おぐら家

重點在於蔬菜的火侯。

讓已經熟了的番茄與茄子水分不會跑掉的程度下，盡可能加熱，讓當中的起司能融化。

溫度時間：170℃炸2分鐘

預想狀態：使用較稠的天婦羅麵糊包裹，讓中間的番茄與茄子水分不會散失、留下新鮮感。

圓茄

番茄

會融化的起司

低筋麵粉、天婦羅麵糊（低筋麵粉、蛋黃、水）、炸油

料理湯頭（高湯6：濃口醬油1：味醂1）

佐料（紫蘇、茗荷、苗菜）

1 將圓茄、番茄都切成5㎜厚的圓片。佐料切絲備用。

2 依序將圓茄、起司、番茄、圓茄的順序疊起，用刷毛刷上低筋麵粉。過較稠的天婦羅麵糊之後以170℃油炸。雖然希望起司可以融化，但圓茄和番茄最好留下一些新鮮感。

3 取出之後切成容易食用的大小盛裝到容器中。淋上調好且已加熱的料理湯頭，附上拌在一起的切絲佐料。

福壽草揚

分とく山

做成蜂斗菜花苞的樣子，裡面包起司是非常具春天氣息的菜色。包裹薄麵衣，彷彿剛從雪中探頭的風景。

起司如果流出來就會弄髒油，因此取出的時機非常重要。

溫度時間：180℃炸30～40秒
預想狀態：高溫快速炸過。注意不要讓它變色。

蜂斗菜
烹調用起司（切塊）
低筋麵粉、天婦羅麵糊（低筋麵粉40g、水80cc、蛋黃1／2個量）、炸油
蛋末＊

＊隔水加熱蛋黃的同時要用好幾支筷子攪拌，等到熟了以後就用濾網壓碎過濾。然後在大碗中鋪和紙，將濾好的蛋黃鋪開，稍微隔水加熱一下去油。

1 將蜂斗菜的芯以菜刀刀尖剜開。內側以刷毛刷上低筋麵粉，塞入烹調用起司。

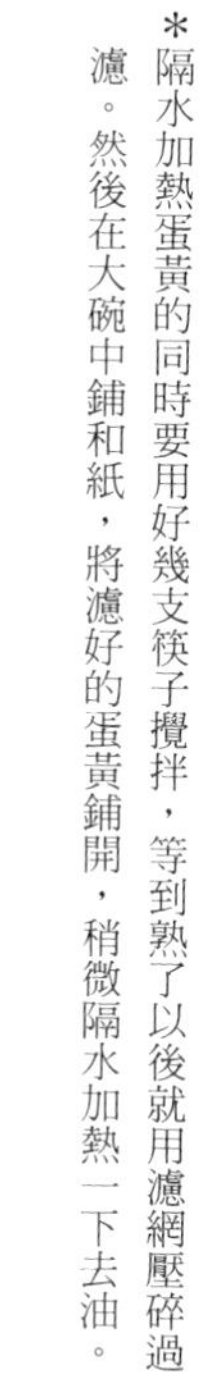

2 將步驟1外側灑上低筋麵粉，過天婦羅麵糊以後以180℃油炸。等到麵衣水分消失、變得酥脆，在起司融化以前就要取出。

3 瀝油之後在切開處灑上蛋末。

米粉炸白蘆筍
佐蛋黃醋及烏魚子粉

おぐら家

零麩質的油炸料理。非常適合提供給有小麥過敏或者不吃麩質的顧客，使用米粉麵衣來炸。溫度過高很容易燒焦，要多加留心。

溫度時間：１７０℃炸1分鐘
預想狀態：火侯讓水嫩的白蘆筍不失去其多汁感。

白蘆筍
米粉、米粉麵糊（米粉、水）、炸油
蛋黃醋（容易製作的分量）
……蛋黃…8個量
……土佐醋＊…１８０cc
烏魚子粉＊＊

＊高湯3：淡口醬油1：味醂1：蘋果醋1搭配起來煮開後冷卻。
＊＊將烏魚子打碎，放入大碗中隔水加熱10分鐘左右，然後以濾網壓碎過濾。

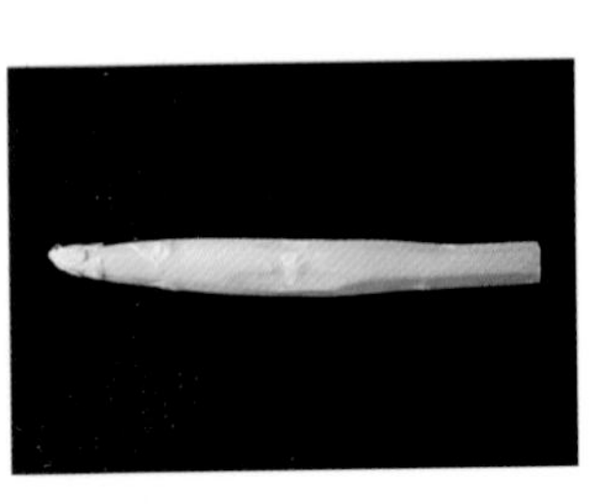

1 準備蛋黃醋。將蛋黃與土佐醋一起放入大碗中隔水加熱，同時以打蛋器攪拌開始升溫、不好攪動的話就把大碗放進冰水當中冷卻。冷卻以後以濾網壓碎過濾使其口感滑順。

2 將白蘆筍剝去靠根部的硬皮。灑上米粉、過稍微泡開的米粉麵糊以後以１７０℃油炸。

3 將蛋黃醋倒入器皿中，盛裝白蘆筍。灑上大量烏魚子粉。

填料炸萬願寺辣椒

蓮

夏季蔬菜油炸料理。萬願寺辣椒有紅的和綠的兩種，紅色的肉比較厚，適合油炸。當中填入煮穴子魚、附上非常對味的山椒鹽。

溫度時間：160℃炸1分半

預想狀態：當中填的穴子魚非常柔軟，因此將麵皮炸到酥脆能夠打造口感對比。

萬願寺辣椒

煮穴子魚

……穴子魚…1條

滷汁（日本酒100cc、濃口醬油50cc、砂糖20g、水500cc）

低筋麵粉、薄麵糊（低筋麵粉3：玉米粉1：碳酸水1.5）、炸油

山椒鹽（鹽、青山椒粉）

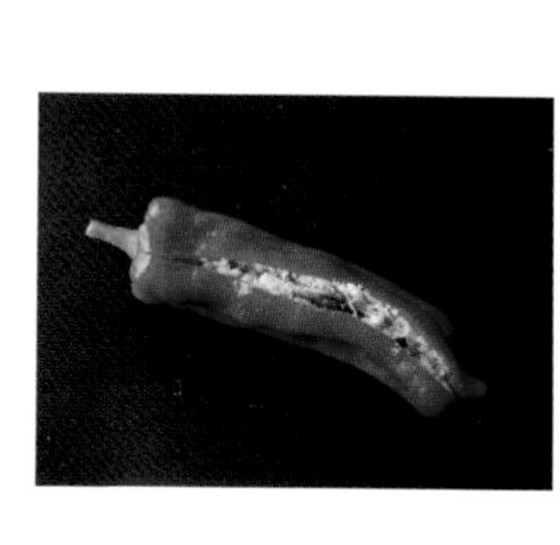

1 準備煮穴子魚。從背部剖開穴子魚之後去除黏液，將日本酒、濃口醬油、砂糖都加入水中，以淡口味的滷汁來煮20分鐘。靜置冷卻。

2 用菜刀將煮穴子魚剁成大塊。

3 萬願寺辣椒直的切開，去掉種子以後填入步驟2的穴子魚。

4 將步驟3的材料灑上低筋麵粉，過薄麵糊以後以160℃的炸油來炸。萬願寺辣椒的表面很滑，因此麵糊可以做得稠一些。

5 炸1分半左右讓麵衣酥脆，起鍋瀝油。

6 可以直接裝盤、也可以切成容易食用的大小再擺盤。將青山椒粉混入鹽巴當中做成山椒鹽附上。

百合根與莫札瑞拉起司 櫻花揚

おぐら家

將熱騰騰的百合根以濾網壓碎過濾，與莫札瑞拉起司柔和的口味非常搭調。櫻花色的糯米粉做成麵衣，是非常適合櫻花季節的特殊油炸料理。將起司換成其他材料，也非常適合做為年菜。

「**溫度時間**：160℃炸3分鐘
預想狀態：不要讓麵衣變色，以低溫油炸。當中的起司稍微有點融化的話就非常棒。」

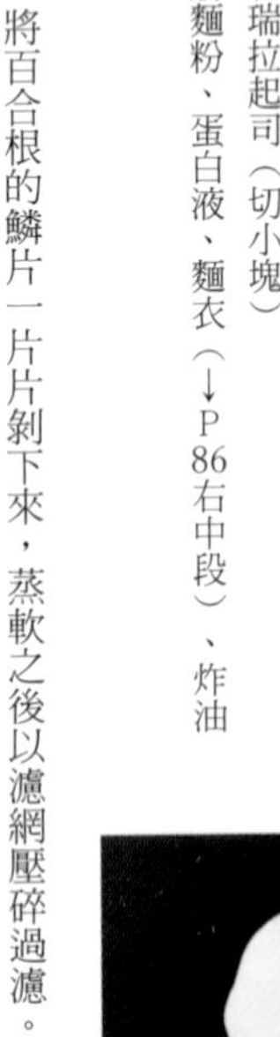

麵糊（容易製作的分量）
…………百合根…200g
太白粉…10g
薯蕷（磨泥）…80g
…………莫札瑞拉起司（切小塊）
低筋麵粉、蛋白液、麵衣（→P86右中段）、炸油

1 將百合根的鱗片一片片剝下來，蒸軟之後以濾網壓碎過濾。
2 將步驟1的材料放入鍋中，加入太白粉、薯蕷泥，以中火熬煮約10分鐘。冷卻之後做成麵糊。
3 將麵團捏成1個50g球狀後推開，包1塊莫札瑞拉起司進去。
4 灑上低筋麵粉，過蛋白液之後好好沾滿麵衣。以預熱至160℃的炸油好好炸。溫度過高就會燒焦，因此要用低溫。
5 包裹的縫隙中微微流出起司的話，就馬上起鍋瀝油並裝盤。

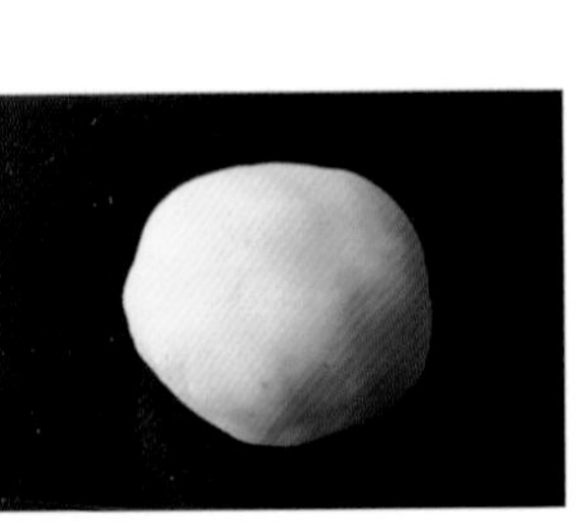

蓮藕饅頭 蔥羹

久丹

將蓮藕泥揉成圓球，炸到酥脆的蓮藕饅頭，有著讓人聯想到章魚燒的口味。做成章魚燒風味的甜鹹醬汁中混入蔥，大量淋上去。

炸蓮藕

蓮

具彈性的蓮藕麻糬與切成圓片的酥脆蓮藕，同時享用兩種口味與口感。

蓮藕饅頭 蔥羹

久丹

溫度時間：180℃炸4分鐘
預想狀態：中間熱騰騰、外層酥脆。

蓮藕饅頭
- 蓮藕（磨泥）…100g
- 葛粉…25g
- 高湯…50g
- 焙煎芝麻…5g
- 淡口醬油、鹽…各適量

炸油
蔥羹（高湯、淡口醬油、味醂、葛粉、九條蔥）
黃芥末

1 製作蓮藕饅頭。將磨成泥的蓮藕放入鍋中開火攪拌。等到發出噗噗聲沸騰以後，就慢慢加入以高湯化開的葛粉仔細攪拌。

2 以鹽巴調味、並添加淡口醬油帶出香氣，調整成能飲用的湯頭口味。如果原先混濁的湯底開始出現灰色的透明感，就加入焙煎芝麻繼續攪拌。不好攪動的話就讓它再沸騰一下軟化，直到完成。靜置冷卻至常溫後用棉布絞乾。

3 以180℃炸油來炸步驟2的蓮藕饅頭。等到中間夠熱、表面也呈現金黃色有焦香感，即可起鍋瀝油。

4 製作蔥羹。為了將炸到帶焦香的饅頭做成鄉村風格，在高湯中加入淡口醬油及味醂做成鹹甜口味。開火直到沸騰後再添加以水化開的葛粉，增添濃稠度，加入切成小段的九條蔥後關火。

5 盛裝蓮藕饅頭，淋上熱騰騰的蔥羹。附上黃芥末。

炸蓮藕

蓮

溫度時間：麻糬以160℃炸2分鐘、最後180℃
蓮藕則以170℃炸1分鐘
預想狀態：麻糬用低溫慢慢炸到中心變熱。
切片蓮藕則使其脫水炸到金黃。

蓮藕（磨泥與切片）
太白粉、炸油
天婦羅醬汁＊
佐料（青海苔、鴨頭蔥、辣椒蘿蔔泥）

＊高湯300cc、淡口醬油40cc、味醂10cc混合在一起開火，煮滾之後冷卻至常溫。

譯註：辣椒蘿蔔泥是指把蘿蔔和辣椒都磨成泥拌在一起的紅色蘿蔔泥。

1 製作蓮藕麻糬。先將蓮藕磨成泥後擰乾。放在烤盤上以蒸籠蒸20分鐘。取出之後仔細攪拌，等到產生黏性就冷卻至常溫。

2 將步驟1的蓮藕泥捏成1個30g大小，灑上太白粉後以160℃油炸2分鐘後取出。

3 切成薄片的蓮藕以170℃油炸1分鐘。

4 將天婦羅醬汁倒入器皿中，盛裝蓮藕麻糬與切片蓮藕。搭配青海苔、剁碎的鴨頭蔥、辣椒蘿蔔泥作為佐料。

炸蔬菜沙拉

ゆき椿

炸蔬菜有著酥脆口感及焦香，
加上油脂濃郁感做成沙拉。
以酸味明顯的紅酒醋做成醬汁更加清爽。

「**溫度時間**：140℃炸3~4分鐘。只有牛蒡用120℃炸6分鐘
預想狀態：用低溫慢慢去除蔬菜水分，打造出類似洋芋片的口感。」

抱子甘藍
蘿蔔
蓮藕
牛蒡
長梗花椰菜
炸油

沙拉醬（紅酒醋、鹽、橄欖油）

1　將所有蔬菜切成容易食用的大小（↓如右方照片）。蓮藕、蘿蔔表面要擦乾。

2　將熟透會需要比較久的蔬菜先放入140℃的油中炸。依序是蓮藕、抱子甘藍、蘿蔔、長梗花椰菜。牛蒡要用120℃花費多一點時間炸到酥脆。

3　等到所有蔬菜的水分都已經去除，表面酥脆焦香、呈現金黃色以後就起鍋瀝油。

4　將炸蔬菜放入大碗中，以紅酒醋、鹽調味，稍微滴一些橄欖油增添風味，攪拌後裝盤。由於這是炸蔬菜做成的沙拉，因此橄欖油要少一些。

夏季蔬菜佐阿根廷青醬

ゆき椿

阿根廷青醬起源於南美。
這是在歐洲也很受歡迎的辣中帶酸醬料，
除了蔬菜以外，當然也能搭配肉或者魚等所有料理。
當地也會有店家把切碎的香料葉做成油漬。

溫度時間：裹粉炸的以150℃炸接近2分鐘
素炸則以150℃炸2～3分鐘
預想狀態：裹粉炸是用麵衣包裹，使蔬菜的水分在裡面沸騰。
素炸則以高溫讓表面酥脆、將水分封在裡面。
保留食材各自的口感。

番茄、茄子、秋葵、櫛瓜、玉米筍
裹粉麵糊（碳酸水100cc、低筋麵粉65g、鹽1g）

阿根廷青醬（容易製作的分量）
平葉芫荽…20g
芫荽…5g
大蒜…1片
醋…30g
橄欖油…60g
鹽…1g
辣椒粉（孜然0.5g、奧勒岡1g、卡宴辣椒0.5g）

1 製作裹粉麵糊。將鹽與低筋麵粉混在一起，加入碳酸水攪拌。

2 將蔬菜切成容易食用的大小如右下照片。水分多的番茄和茄子沾裹粉麵糊，以150℃的炸油炸接近2分鐘。

3 秋葵、櫛瓜和玉米筍以150℃素炸2～3分鐘讓表面有層淡淡的顏色。

4 製作阿根廷青醬。將所有材料放入食物處理機打在一起。過了一段時間以後顏色會褪掉，使用密封容器保存可以維持比較久。

5 將蔬菜裝盤，附上阿根廷青醬。

三種煎餅 玉米、海苔、蝦

分とく山

最適合用來當下酒菜的點心食品。
玉米煎餅的黑胡椒微辣、
令人吃上癮的口味正適合搭配香檳。
炸到去除所有水分，
做成如零食般輕巧。

三種煎餅 玉米、海苔、蝦

分とく山

溫度時間：玉米以160℃炸30秒。
海苔與蝦子以180℃炸30秒
預想狀態：使用低溫不要燒焦、炸得輕巧些。

玉米煎餅（容易製作的分量）
玉米…2支
太白粉…15g
黑胡椒…適量

海苔煎餅
白肉魚泥…1片10g
新鮮海苔
太白粉

蝦子煎餅
蝦子
太白粉

炸油、鹽

1 製作玉米煎餅。玉米去皮及鬚之後水煮。沸騰之後繼續煮3分鐘，取出後包上保鮮膜冷卻。

2 等到步驟**1**的玉米冷卻以後用菜刀切下玉米粒，以食物處理機打碎並用較細的濾網濾過之後做成泥狀。將玉米泥300g對太白粉15g及黑胡椒混合在一起。

3 在烤盤紙上將步驟**2**的玉米泥放上8g一團，每團之間要隔開，再鋪上另一張烤盤紙後以擀麵棍壓平。

4 製作海苔煎餅。用新鮮海苔包裹白肉魚的肉片。表面灑上太白粉。白肉魚或蝦子等蛋白質最好能夠熟透，因此可以使用空瓶或擀麵棍敲打扁平。

5 製作蝦子煎餅。蝦子去頭、背砂、剝殼、剖開。灑滿太白粉並以步驟**3**的要領，使用烤盤紙夾起來以後用擀麵棍打平。

6 將壓薄的步驟**3**、**4**、**5**煎餅排在一起，以100℃的吐司烤箱的蒸氣加熱風模式加熱約40分鐘，去除水分。

7 玉米煎餅以160℃的油炸、海苔煎餅及蝦子煎餅則以180℃油炸。會有幾秒氣泡變少然後慢慢消失。這樣大約就炸好了。取出之後瀝油，灑上一點鹽巴裝盤。

第三章
肉與蛋
油炸

炸烤鴨與素炸苦瓜、炒有馬山椒

根津たけもと

炸過的鴨肉與苦瓜，以炒的方式調味。
喜歡苦瓜苦味的人，
可以將苦瓜切得厚一些。
雖然做成中華料理風格，不過用了
有馬山椒就會有和風感。

香煎玄米炸牛排 佐炸蜂斗菜醬料

おぐら家

搭配以花生油為基底做成的蜂斗菜醬料，因此希望炸牛排本身不要太厚重，便以能有香脆口感的玄米做成麵衣。

花山椒羹炸和牛

久丹

使用名為「貝身」的牛五花肉，特徵是柔軟度適中的肉質。帶油脂的肉類，與柔和的花山椒香氣十分對味。

譯註：貝身是指下後腰脊翼板肉，一頭牛的分量極少。

炸烤鴨與素炸苦瓜、炒有馬山椒

根津たけもと

溫度時間： 鴨以180℃炸2分鐘。苦瓜用170℃快速炸一下
預想狀態： 鴨子以高溫來炸，讓表面硬化、包裹內部。
剛炸好時肉還是紅色的也沒關係。
為了不讓苦瓜失去多汁感，以中溫短時間油炸。

鴨里肌肉、太白粉
苦瓜
炸油
麻油（焙煎濃口款）、有馬山椒、蠔油
山椒粉、細蔥（切小段）

1 將鴨里肌肉切薄片，每片都要在脂肪邊緣細細劃開。
2 將步驟**1**的鴨肉以緊握的方式包上太白粉，使用180℃的炸油炸2分鐘左右。中間還是紅的也沒關係。
3 苦瓜對半切開去籽，切成薄片以後擦乾。使用170℃的油快速炸一下就瀝油。
4 在平底鍋中抹麻油，放入榨好的鴨肉與苦瓜。放入有馬山椒、少許鹽巴（只用來打底的程度）、少量蠔油然後拌炒。
5 將步驟**4**的材料裝盤，灑上山椒粉後放細蔥。

香煎玄米炸牛排 佐炸蜂斗菜醬料

おぐら家

溫度時間：牛肉以170℃炸1分鐘
蜂斗菜以160℃炸8分鐘
預想狀態：牛肉要注意外層麵衣不能燒焦，使用餘溫讓牛肉半熟。

牛肋眼排…1片20g（2～3cm厚）
鹽、胡椒
低筋麵粉、蛋液、香煎玄米、炸油
蜂斗菜醬（蜂斗菜、花生油、濃口醬油）

1 將牛肋眼排灑上鹽、胡椒靜置20分鐘左右。
2 牛肉灑上低筋麵粉，過蛋液之後沾上香煎玄米，以170℃油炸。注意不能讓麵衣燒焦。希望能留下半生感，因此請考量餘溫需要的時間取出。
3 製作蜂斗菜醬。將蜂斗菜剁碎後水洗去澀。擰乾後放入預熱至160℃、量可蓋過蜂斗菜的花生油中炸。蜂斗菜變成金黃色就關火。
4 將蜂斗菜連同花生油放入大碗中，添加少許濃口醬油製作成醬料。
5 將蜂斗菜醬盛入器皿中，擺上切好的炸牛排。

花山椒羹炸和牛

久丹

溫度時間：180～200℃炸30秒，取出之後以餘溫加熱5分鐘。重複4次。
預想狀態：以高溫油分4次炸，利用餘溫讓裡面能熟透。

牛貝身肉…30g
紫蘇…1片
低筋麵粉、天婦羅麵糊（低筋麵粉、水）、炸油
花山椒羹（花山椒適量、高湯8：濃口醬油0.5：淡口醬油0.5：味醂1、葛粉適量）

1 將牛貝身肉切得厚一些，以紫蘇葉包裹，灑上低筋麵粉後過天婦羅麵糊，以180℃熱油炸30秒。起鍋瀝油的同時放置5分鐘以餘溫加熱。重複此動作4次。
2 製作花山椒羹。將調味料加進高湯當中開火，沸騰之後以畫圓的方式攪拌高湯，並慢慢添加以水化開的葛粉，增添濃稠度。最後放入新鮮的花山椒。
3 將牛貝身肉切開裝盤，淋上花山椒羹。

炸牛肉與蜂斗菜炊飯

久丹

將牛筋炸成
像「油雜烏龍」的內臟
那樣脆且硬，
搭配苦味緩和的
素炸蜂斗菜做成的炊飯。

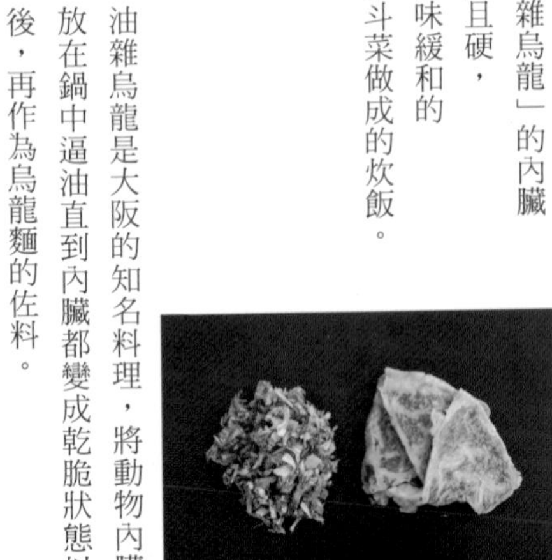

譯註：油雜烏龍是大阪的知名料理，將動物內臟放在鍋中逼油直到內臟都變成乾脆狀態以後，再作為烏龍麵的佐料。

牛舌若草揚

分とく山

以壓力鍋燉到柔軟的牛舌做成味噌醃漬口味。
在牛舌外包裹磨成粗顆粒、
混入菠菜的麵衣做成若草揚。

炸甲魚塊

久丹

烹煮的口味較濃厚的甲魚做成油炸料理。
使用年糕粉能炸得非常脆硬。
甲魚肉彈性十足的肉質與帶透明感的麵衣
口感對比成為料理重點。

炸牛肉與蜂斗菜炊飯

久丹

溫度時間：牛筋180℃、蜂斗菜以170℃完全去除水分直到氣泡完全消失

預想狀態：牛筋以高溫完全去除油分直到脆硬。

牛筋（切薄片）…100g
蜂斗菜（剁大塊）
炸油
米…1合
炊飯底（高湯10：淡口醬油1：味醂1）…200cc
山椒嫩葉

1 將菲力牛肉的筋切成薄片。蜂斗菜剁成大塊。

2 蜂斗菜放入170℃炸油中，一直炸到氣泡消失再起鍋，用廚房紙巾壓一壓去油。

3 牛筋使用180℃油炸，一直炸到油分完全消失、變得脆硬。

4 洗好1合米後完全泡在水中45分鐘，然後瀝水放入土鍋當中，加入調好的炊飯底200cc，擺上步驟**2**和**3**的材料並開小火。馬上轉到大火，沸騰以後就轉小火煮10分鐘，不需要蒸。

5 灑上山椒嫩葉給客人看過以後，再來拌飯。

牛舌若草揚

分とく山

溫度時間：170℃炸1～1分半
預想狀態：以麵衣包裹，將當中的牛舌蒸到澎軟的感覺。

味噌醃漬牛舌（容易製作的分量）
……牛舌（去皮）…1kg
……豆渣…100g
……白味噌…1kg
若草麵糊（天婦羅麵糊＊、菠菜、鹽）、炸油
蔥白

＊低筋麵粉60g、水100cc、蛋黃1個量攪拌在一起。

1 將牛舌切成五等份汆燙一下。然後放進壓力鍋當中，倒入剛好蓋過牛舌的水量與豆渣，蓋上之後開火。等到壓力升到第二格就關小火加熱15分鐘，然後關火自然冷卻。放豆渣進去能夠吸收多餘油脂與血汙，且補充流失的美味。

2 牛舌冷卻以後用水洗過，擦乾然後切成一片大約15g左右，用紗布包起來放進白味噌當中醃漬3天。

3 準備若草麵糊。撕碎菠菜葉，添加少量鹽巴研磨。磨細了之後就加水。

4 用較細的濾網盛裝步驟3的菠菜，連同濾網煮過後放入冷水冰鎮。

5 將步驟4的菠菜擰乾並放入天婦羅麵糊中攪拌。

6 將步驟2的牛舌過若草麵糊後以170℃油炸。起鍋瀝油後切片裝盤。最後放上鴨蔥。

炸甲魚塊

久丹

溫度時間：160℃炸2分鐘、最後180℃
預想狀態：為了不讓甲魚燒焦，先從低溫炸起，等到變熱了以後再將溫度提升到180℃，會比較爽口。

甲魚（青森小川原湖產的兜甲魚）
煮甲魚的湯底（水10：日本酒1、昆布）
滷汁（煮甲魚的湯底、濃口醬油）
山椒粉
低筋麵粉、蛋白液、年糕粉、炸油

1 殺好甲魚、去除黃色油脂。將水與日本酒調好之後放入昆布，煮已經殺好的甲魚。沸騰之後撈掉渣滓，煮12分鐘。

2 等到甲魚肉變柔軟，就切成一口大小。將步驟1中用來煮甲魚的湯底與0.6%的濃口醬油調成比較濃厚的口味繼續煮。沸騰之後轉成小火滾5分鐘再關火，直接靜置冷卻。冷卻之後換一個容器放進冰箱保存。

3 將略為凝固的甲魚加熱軟化，灑上山椒粉。然後灑上低筋麵粉並過蛋白液，最後再灑年糕粉。

4 放入160℃的炸油當中，等到甲魚變熱了就提升溫度。炸到脆之後就起鍋瀝油。

炸西京漬甲魚

楮山

以西京漬為甲魚肉調味，做成炸甲魚塊。附上的蔥若炸過就會去除辛辣仍帶清香。也與甲魚肉非常對味。

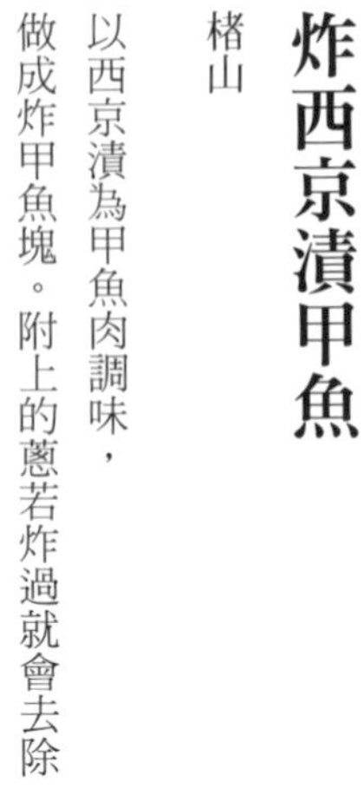

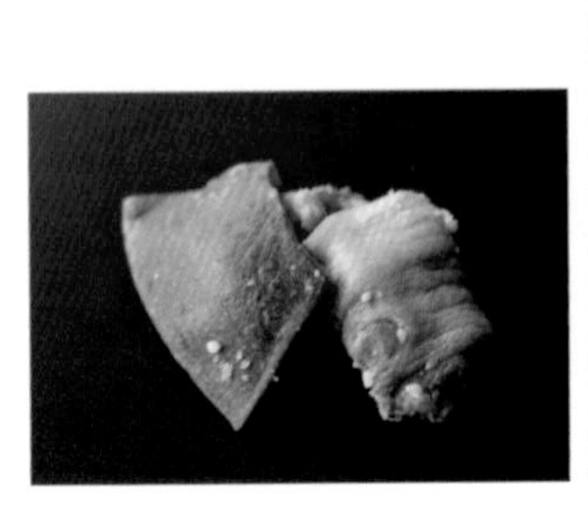

炸甲魚肉絲餅

蓮

彈性十足的甲魚肉包裹酥脆麵衣做成的炸餅。搭配口感不同的蓮藕可展現其輕巧。

炸甲魚麵包

まめたん

概念來自咖哩麵包，將煮成凍的甲魚肉填進麵包當中。在套餐當中屬於小點心。麵包的麵團是請麵包店提供咖哩麵包用的麵團。

油封豬肩豬排丼

まめたん

將油封處理的豬肩里肌肉塊包裹麵糊做成炸豬排。用筷子就能切斷的柔軟豬肉與酥脆麵包粉的口感帶來差異。雖然附上芥末和鹽巴，但若用加了醃漬物的塔塔醬或者豬排醬應該也非常對味。

豬肩里肌肉

炸西京漬甲魚

楮山

溫度時間：甲魚要用180℃炸3分鐘。蔥以170℃炸5～6分鐘
預想狀態：甲魚的麵衣要炸到酥脆。
蔥則要使其脫水但不能燒焦，帶出蔥本身的香氣。

甲魚
醃漬用味噌（容易製作的分量）
……白味噌…2kg
味醂…180cc
日本酒…180cc
米粉、炸油

長蔥、炸油

1 將甲魚殺好後切成一口大小。浸泡在80℃的熱水當中剝掉薄皮以後，以水洗去血漬。
2 將醃漬用味噌的材料拌在一起，把步驟**1**的甲魚放進去醃漬12小時。
3 將味噌擦掉以後灑上米粉，放入180℃的油炸約3分鐘左右，炸到表面酥脆。
4 將長蔥斜切成薄片，以170℃的油炸5～6分鐘，等到轉為淺金黃色就起鍋瀝油。
5 將步驟**4**的長蔥鋪在器皿上，擺上甲魚肉。

炸甲魚肉絲餅

蓮

溫度時間：160℃炸2分鐘，最後170℃
預想狀態：甲魚已經熟了，因此只要炸熟薄麵糊。

甲魚
滷汁（水500cc、日本酒100cc、濃口醬油40cc、鹽少許、昆布、切薄片的生薑各適量）
蓮藕（滾刀）
鴨兒芹
低筋麵粉、薄麵糊（低筋麵粉3：玉米粉1：碳酸水1.5）、炸油

香味醋
……濃口醬油2：高湯1：醋2：砂糖1
黑色七味胡椒粉…適量
切薄片的生薑、柚子皮…各適量

1 將甲魚殺好後與調配好的滷汁煮1小時。直接浸泡在當中一天使其入味。
2 取出甲魚肉切成薄片。
3 將甲魚、蓮藕、剁碎的鴨兒芹放入大碗中，灑上低筋麵粉再沾取薄麵糊。
4 放入160℃的炸油當中，只要薄麵糊熟了就可以起鍋瀝油。
5 盛裝到容器當中，附上香味醋。香味醋只要將材料都調合在一起即可。

炸甲魚麵包

まめたん

溫度時間：170℃炸1分半
預想狀態：溫度過高很可能會裂開來，因此用較低的溫度好好炸，讓當中的餡料能熱騰騰且化開。

甲魚
煮甲魚的湯底（水3：日本酒2：生薑、長蔥）
生薑、白菜、新洋蔥
太白芝麻油
滷汁（煮甲魚的湯底12：濃口醬油1：砂糖0.5：味醂0.5）、葛粉
黑色七味胡椒粉
麵包用麵團（冷凍）
乾麵包粉、炸油

1 將甲魚切成四塊。把煮甲魚的湯底材料全部混合在一起，用來煮甲魚。湯底要準備多一點，以中火煮2小時。湯底量減少就加水。

2 將切成絲的生薑、白菜、新洋蔥以太白芝麻油炒過，放入步驟**1**的甲魚和湯汁當中煮沸。沸騰之後放入砂糖、味醂、濃口醬油調成偏甜的口味，燉煮到甲魚入味。慢慢添加以水化開的葛粉，調得稠一點。靜置冷卻。

3 將麵包用麵團放進冷藏庫解凍一天，然後靜置到恢復常溫。揉成1個約25g左右，放在溫暖處使其發酵膨脹為2倍大。

4 將步驟**3**的麵團擀開，放入30g的步驟**2**材料，灑上黑色七味胡椒粉後包起來。灑上乾麵包粉，以170℃的油炸1分半左右，要同時翻動。瀝油裝盤。

油封豬肩豬排丼

まめたん

溫度時間：180℃炸接近1分鐘
預想狀態：因為不需要炸到肉的部分，只要高溫去炸麵衣。

油封……豬肩里肌肉（整塊）…2kg
長蔥、生薑、黑胡椒粒、月桂葉
豬油
鹽、黑胡椒
低筋麵粉、蛋液、生麵包粉（粗款）
炸油
卡馬格的鹽、酸橘、芥末

1 將豬肩里肌肉做成油封。豬油化開以後放入適量長蔥、生薑、黑胡椒粒、月桂葉，然後放入豬肩里肌肉。豬油一定要夠多，可以完全包住豬肉。

2 將豬油維持在70℃加熱5小時。如果使用吐司麵包烤箱的話就轉到乾燥模式。

3 將豬肉從豬油中取出，趁溫溫的時候擦去豬油，切成1片140g的豬肉片。

4 灑上鹽、胡椒後灑低筋麵粉，過蛋液沾生麵包粉。以加熱到180℃的炸油炸接近1分鐘，麵衣變成漂亮的金黃色就起鍋瀝油。

5 切成容易食用的大小，附上鹽、酸橘及芥末。

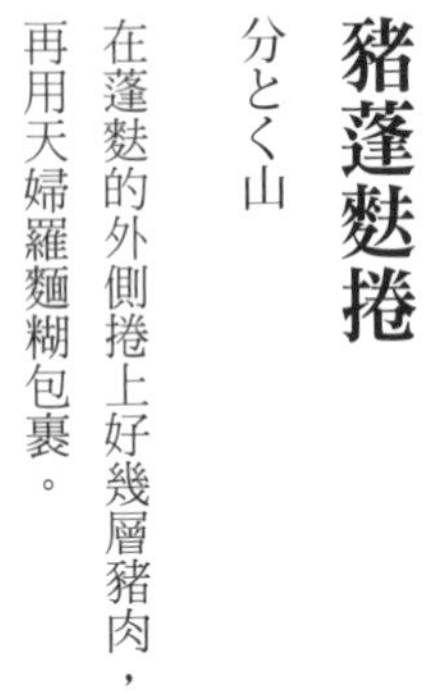

豬蓬麩捲

分とく山

在蓬麩的外側捲上好幾層豬肉，再用天婦羅麵糊包裹。從加熱的麩當中飄出些許香氣。

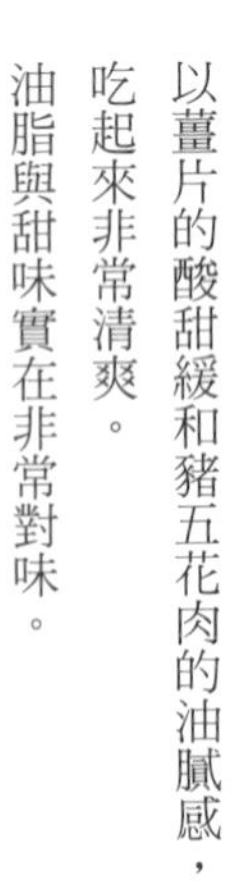

豬五花甜薑炸餅

ゆき椿

以薑片的酸甜緩和豬五花肉的油膩感，吃起來非常清爽。油脂與甜味實在非常對味。

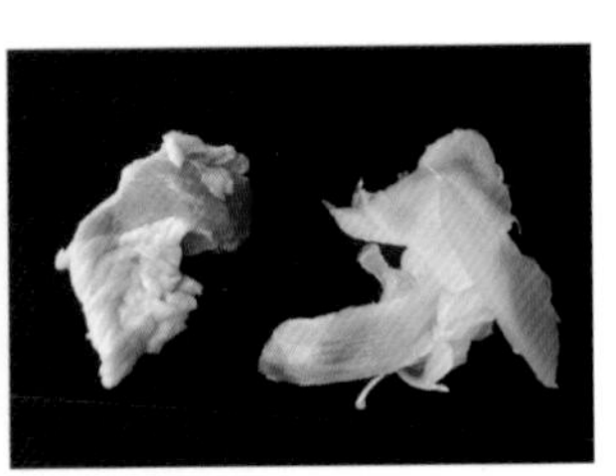

炸羊排

ゆき椿

將非常受歡迎的羊肉做成炸排。油脂帶腥，因此使用油脂及筋較少之處。推薦使用與羊肉非常對味的孜然混在鹽中搭配。

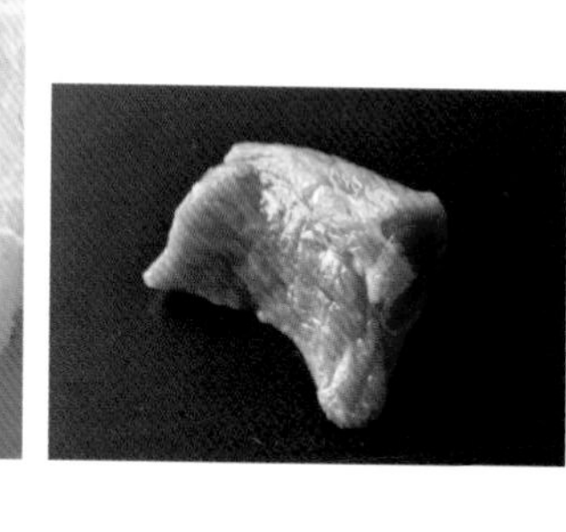

香炸高湯蛋捲

根津たけもと

將高湯蛋捲拿去炸，搭配熱騰騰享用的高湯。把事先做好的高湯蛋捲沾上薄麵糊，炸的時候注意不要讓水分流失，上桌時還維持蓬鬆感。搭配用的高湯用白色羹底取代也非常美味。

豬蓬麩捲

分とく山

溫度時間：170℃炸1分鐘、餘溫加熱2分鐘、180℃炸30秒
預想狀態：炸2次讓溫度慢慢傳進去，肉比較濕潤。

（容易製作的分量）
豬五花肉（片）…400g
蓬麩（生）…1條
低筋麵粉、天婦羅麵糊（低筋麵粉50g、蛋1／2個、水100cc）、炸油、鹽
山椒嫩葉

1 將蓬麩縱切成兩半，做成細長棒狀。將豬五花上直排在砧板上，稍微疊在一起，將蓬麩放在手邊並往前捲起。
2 將步驟1用保鮮膜包起來並捲緊，放1小時左右靜置貼合。
3 將步驟2的保鮮膜拿掉以後切成一半大小，以刷毛刷上低筋麵粉，過天婦羅麵糊後以170℃油炸。等到天婦羅麵糊的水分散去、不再有氣泡就先取出，以餘溫加熱。
4 靜置2分鐘以後以餘溫加熱，最後再用180℃的油炸到酥脆。灑上鹽巴。
5 將步驟4炸好的成品切段盛裝，加上山椒嫩葉。

豬五花甜薑炸餅

ゆき椿

溫度時間：150℃炸3~4分鐘
預想狀態：讓豬五花肉慢慢熟透的感覺。不能燒焦且保留多汁感。

豬五花肉薄片（1邊1.5cm的方形）、鹽
甜薑（容易製作的分量）
……嫩薑…1kg
水…500cc
醋…400cc
砂糖…250g
鹽…30g
低筋麵粉、天婦羅麵糊（低筋麵粉、水）、炸油、鹽

1 製作甜薑。把嫩薑用削的切成薄片，以熱水煮5分鐘後擰乾，放入保存用的瓶子。
2 將水、醋、砂糖、鹽調在一起煮滾，冷卻之後做成甜醋。冷卻之後就倒入步驟1的罐子當中泡薑（預備醃漬）。第二天換成新的甜醋醃醋（正式醃漬）。
3 豬五花肉多灑點鹽。擦乾甜薑上的水之後放入大碗，與豬五花肉拌在一起灑上低筋麵粉。將較濃稠的天婦羅麵糊倒入後快速拌一下，以150℃油炸。
4 瀝油裝盤，附上鹽巴。

炸羊排

ゆき椿

溫度時間：150℃炸4分鐘
預想狀態：不要讓美味的肉汁流失掉。不要炸太老。

羊肉（去骨腿肉）
低筋麵粉、蛋液、生麵包粉、炸油
孜然鹽*、鹽、檸檬

*將孜然粉與燒鹽（乾燥鹽巴）以1比1混合。

1 準備脂肪及筋較少的羊腿肉，切成1個10～15g塊狀。
2 將羊肉灑上低筋麵粉，過蛋液後沾滿生麵包粉，以預熱至150℃的炸油來炸。
3 瀝油裝盤，附上檸檬。另外提供鹽巴與孜然鹽。

香炸高湯蛋捲

根津たけもと

溫度時間：180℃炸2～3分鐘
預想狀態：因為已經熟了，因此用較高的溫度，只要蛋捲中心有熱就可以。

高湯蛋捲
　蛋…3個
　高湯…90cc
　鹽、味醂、淡口醬油…各適量
大豆油
薄麵糊（低筋麵粉、蛋、水）
炸油
搭配高湯（高湯300cc、鹽1／2小匙、淡口醬油5cc）
葛粉
芥末、細蔥（切小段）

1 製作高湯蛋捲。將蛋液打好，以鹽、味醂、淡口醬油稍微調味。
2 在蛋捲用鍋裡抹好大豆油，分幾次將步驟**1**的蛋液倒進鍋中，將蛋重複捲起做成蛋捲。
3 等到高湯蛋捲稍微冷卻以後，就切成容易食用的大小並過薄麵糊，以180℃的炸油炸2～3分鐘。只要蛋捲的中間有熱就行了。
4 將搭配用的高湯材料調在一起，調整成湯頭的味道後加熱，慢慢添加以水化開的葛粉，使其稍微有些濃稠度。
5 將蛋捲盛裝在容器當中，淋上步驟**4**的高湯。附上芥末後灑上細蔥。

烤牛肉 炸雞蛋 酸醋

楮山

炸雞蛋保持在能讓蛋黃流出的火侯，用來作為烤牛肉的醬料。裝盤的概念是鳥巢，約3～4人份。

溫度時間：170℃炸30秒
預想狀態：將麵衣以短時間炸成金黃色。

蛋
低筋麵粉、蛋液、乾麵包粉（顆粒細緻款）、炸油
烤牛肉（牛和尚頭3kg、切薄片的大蒜2片、沙拉油、鹽、胡椒各適量）
新洋蔥（切薄片）、芽蔥
酸醋（濃口醬油200g、醬油膏150g、日本酒100g、蘿蔔泥1條量；切小段的細蔥1把、檸檬汁3個量、檸檬皮1個量、辣椒粉50g）

1 準備烤牛肉。牛腿肉先清潔乾淨並去筋，切成4等份。將切好的肉、大蒜、少量沙拉油都放入真空袋中抽真空，放在冷藏庫當中浸漬一天。

2 切好足夠數量的牛腿肉，灑上鹽、胡椒後放入鍋中，倒入可蓋過7分左右的沙拉油。放入200℃的烤箱中加熱2分鐘，取出之後靜置10分鐘以餘溫加熱。重複以上動作直到熟約8～9成之後，用烤網增添網目，然後在一旁靜置。提供的時候再用200℃的烤箱加熱2分鐘然後切肉裝盤。

3 製作炸雞蛋。準備好沸騰的熱水，將蛋放進去浸泡6分鐘後馬上取出，放進冰水當中。冷卻之後就剝殼。

4 將步驟3的雞蛋擦乾，整體灑上低筋麵粉，過蛋液之後沾上乾麵包粉，放入170℃的炸油當中。等到表面變成金黃色就馬上取出，這樣會炸得比半熟還要生一些。

5 在器皿上鋪好新洋蔥的切片，放上步驟2的烤牛肉。擺上炸雞蛋之後，在雞蛋周圍添放芽蔥。最後淋上酸醋。

第四章

珍味、加工品

油炸物

蜜糖蠶豆
櫻花與抹茶炸饅頭

まめたん

能夠享用櫻花與抹茶，兩種口味的春季小點心。將現成的蜜糖蠶豆做成饅頭的餡料，裹上薄麵糊做成炸饅頭。為了保留麵衣的粉紅色與綠色，用比較低的溫度來炸。

溫度時間：豆子用170℃炸30秒。葉片用170℃快速炸幾秒

預想狀態：蜜糖蠶豆的麵衣不要變成金黃色。豆子當中有溫就可以了。鹽漬櫻葉只要讓麵衣薄脆有熟即可。

蜜糖蠶豆、低筋麵粉
櫻花麵糊（鹽漬櫻花、薄麵糊＊）
抹茶麵糊（抹茶、薄麵糊＊）
炸油

鹽漬櫻葉、薄麵糊＊、炸油
抹茶

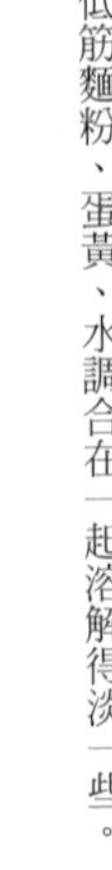
＊低筋麵粉、蛋黃、水調合在一起溶解得淡一些。

1 將鹽漬櫻花放在水中去除鹽分。鹽漬櫻葉則用水洗。

2 將去鹽的櫻花放進薄麵糊當中。蜜糖蠶豆灑上低筋麵粉之後沾附櫻花麵糊放進170℃的油裡炸。為了不讓麵衣變成金黃色，先放到較低溫的油當中，最後再提升溫度，會比較清爽。豆子中間有溫就行了（櫻花饅頭）

3 將抹茶混進薄麵糊當中。蜜糖蠶豆灑上低筋麵粉之後沾附抹茶麵糊放進170℃的油裡炸。和櫻花饅頭相同，只要豆子中間溫了就可以（抹茶饅頭）

4 將鹽漬櫻葉擦乾，整體過薄麵糊，放進170℃的油炸到酥脆。

5 將步驟**4**的薄麵糊炸鹽漬櫻葉鋪在器皿上，然後放上櫻花饅頭與抹茶饅頭。抹茶饅頭上灑一些抹茶。

炸雙層烏魚子

分とく山

烏魚子與酒十分對味。想來與酒的原料也就是米應該也非常搭調，所以用年糕包起來。火鍋用的年糕很容易熟，非常好用。

溫度時間：170℃炸30～40秒
預想狀態：以較高溫短時間快速油炸。年糕很容易膨脹，因此要在年糕發脹以前取出。

烏魚子
火鍋用日式年糕（麻糬）
海苔
低筋麵粉、薄麵糊（水60cc、低筋麵粉30g、蛋黃1／2個）、炸油
獅子唐辛子、葛切、炸油

譯註：獅子唐辛子是一種青辣椒。葛切是日本一種類似涼粉的點心。

1 將烏魚子的薄皮剝除後切成薄片。將火鍋用年糕切成三等份，用來包住烏魚子並以切成帶狀的海苔捲起來固定。

2 將步驟1的材料以刷毛刷上低筋麵粉，過薄麵糊之後以170℃油炸。年糕開始要膨脹就立即取出。最好維持麵衣仍是白色的狀態。

3 將炸雙層烏魚子裝盤之後，附上素炸的獅子唐辛子與葛切。

炸芝麻豆腐

久丹

將芝麻豆腐放下去炸，改變口感、增添濃郁。
將炸到入口即化熱騰騰的芝麻豆腐做成油炸高湯料理。

溫度時間：160℃炸2分鐘、最後180℃

預想狀態：慢慢油炸冰冷的芝麻豆腐。最後提升溫度固定麵衣，最好當中是糊糊的狀態。

芝麻豆腐（容易製作的分量）
白芝麻…250g
水…1公升
葛粉…130g
鹽、淡口醬油、味醂…適量

葛粉、炸油

搭配用高湯（高湯8：淡口醬油1：味醂1）

花山椒

1 製作芝麻豆腐。將白芝麻浸泡在等量水當中一個晚上。第二天將白芝麻撈起來之後仔細研磨。此時可以慢慢加入濾掉的浸泡水來研磨。過濾使用芝麻湯。

2 將步驟1的芝麻湯用來化開葛粉，添加鹽、淡口醬油、味醂，口味約是可飲用的湯頭，然後開火。沸騰之後轉小火煮10分鐘，以木抹刀攪拌。放入罐中冷卻凝固。

3 將步驟2的芝麻豆腐切成3cm塊狀。灑上葛粉放入160℃的炸油中。等到呈現淡黃金色，就將溫度提升至180℃然後起鍋瀝油裝盤。如果一開始就用高溫，麵衣就會散開。

4 將搭配用高湯的材料全部調在一起開火加熱，淋在剛起鍋的芝麻豆腐上。最上面灑上一些生的山花椒。

炸酥五加科與野萱草涼拌烏魚子

根津たけもと

剛炸起來的酥脆感就是這道料理的生命。

就算是帶苦味的山菜，和炸酥搭配在一起就容易入口。

與炸酥拌在一起後就要馬上上桌。

溫度時間：放入170℃的油中、到180℃時取出。短時間油炸

預想狀態：將較濃稠的天婦羅麵糊灑到高溫油中，浮上來就馬上起鍋

炸酥料（低筋麵粉、蛋、水）

五加科

野萱草

八方地（鮪魚乾煮的第一道高湯8：淡口醬油0.2：味醂1、水鹽少許）

烏魚子（切小塊）

1 將五加科與野萱草各自水煮後浸泡在八方地中一個晚上。取出後切成容易食用的大小，稍微瀝乾。

2 將炸酥料（天婦羅麵糊）灑到170℃的炸油當中。溫度上升以後就馬上起鍋瀝油。

3 將五加科與野萱草添加炸酥快速拌一下裝盤。灑上烏魚子。

炸飯糰茶泡飯

根津たけもと

天婦羅蕎麥麵的泡飯版。飯糰捏好之後要放一些時間，讓表面乾燥些會炸得比較酥脆。若改成炸葫蘆捲或者醃菜壽司等，也非常美味。

溫度時間：180℃炸5～7分鐘、最後190℃
預想狀態：以高溫將飯糰顏色炸得深一些。最後將溫度拉得更高比較清爽。

飯…100g
炸油
茶泡飯湯頭（高湯、鹽、淡口醬油）
佐料（海苔、蔥白、醃漬花芥末＊、茗荷、切小段的細蔥、白芝麻、芥末）

＊以鹽巴搓揉花芥末之後靜置一段時間，淋上熱水。等到柔軟就放進八方地（高湯8：味醂1：淡口醬油0.2、水鹽少許）當中。

1 將飯捏成飯糰，靜置一段時間乾燥表面。
2 製作茶泡飯湯頭。將鹽、淡口醬油加進高湯當中，做成口味較濃的湯頭以後加熱。
3 準備佐料。將海苔、蔥白、茗荷都切成小片方形。醃漬花山椒剁碎。
4 將步驟**1**的飯糰放入180℃的油中素炸。等到變成淺金黃色就將溫度提升到190℃，這樣比較清爽。
5 將飯糰盛裝到器皿當中，淋上步驟**2**的湯頭。灑上佐料以後就立即上桌。

炸蔥包魚卵昆布

分とく山

將適當去除鹽分的魚卵昆布，
包裹鮮艷綠色的蔥麵衣做成的特殊油炸料理。
蔥麵衣使用紅蔥仔細研磨能讓綠色更加鮮豔。

溫度時間：160℃炸1分鐘、最後170℃

預想狀態：讓麵衣熟透。為了不讓麵衣失去色彩，用低溫油慢慢油炸。

魚卵昆布沒有熟沒關係。

魚卵昆布（長1.5cm×寬4cm×厚1.5cm）
鹽水（鹽分0.5％）
低筋麵粉
蔥麵糊（容易製作的分量）
……紅蔥…100g
……低筋麵粉…8大匙
……太白粉…4大匙
……蛋…2個
……水…適量
……焙煎芝麻…4大匙
炸油、鹽

裹粉的蔥末。搗碎的紅蔥經過油炸後依然殘留著鮮豔的顏色。

1 將切好的魚卵昆布浸泡在鹽水中1～2小時裡去鹽。中途要更換鹽水。如果只剩下一點鹽分就可以取出擦乾。

2 製作蔥麵糊。將紅蔥的綠色部分切小段，以食物處理機打碎。添加低筋麵粉與太白粉一起攪拌。然後把蛋、水、焙煎芝麻加入大致上攪拌一下。

3 將魚卵昆布灑上低筋麵粉，過步驟2的蔥麵糊之後放入160℃的油中炸1分鐘，稍微提高溫度炸得酥脆些。

4 瀝油後稍稍灑點鹽，切成能看見斷面的樣子裝盤。

香炸鹽漬薤

根津たけもと

將鹽漬薤的鹹度調整成喜歡的程度再炸。
留下原先的爽脆感，不要炸太老。
由於鹽漬薤表面非常滑溜，
因此天婦羅麵糊可以調濃稠一些。

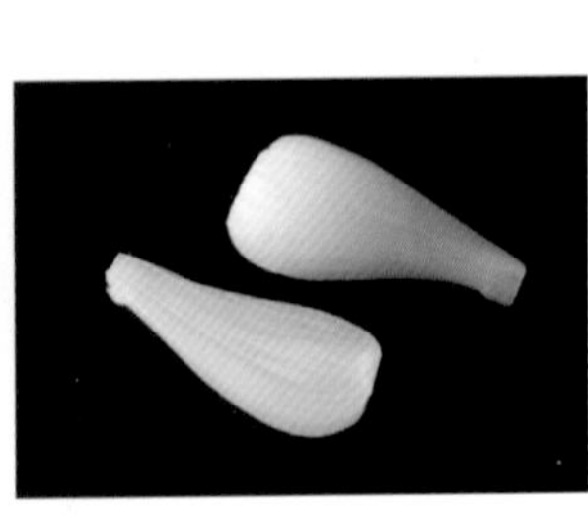

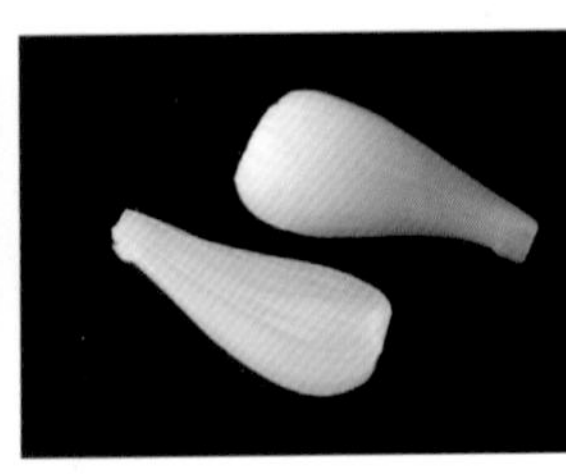

炸湯圓佐酒盜

分とく山

以炸的方式來取代水煮，有些特別的炸湯圓。
與水煮湯圓有不同的口感。
把珍味放上去做成下酒菜。

譯註：酒盜是日本一種醃漬下酒菜。

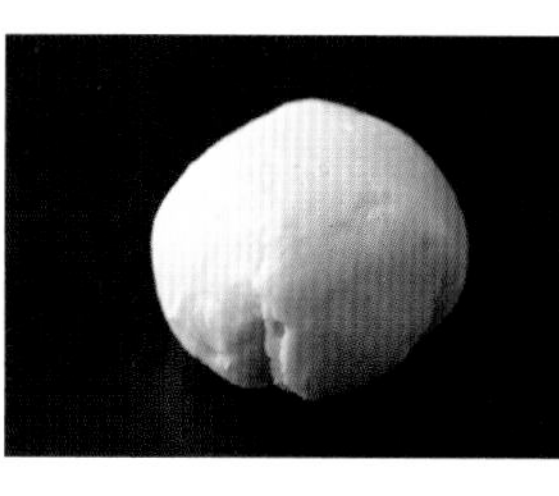

蕎麥豆腐 淋醬油羹

分とく山

蕎麥豆腐非常柔軟，
灑上低筋麵粉，炸的時候不要讓它變形。
炸了之後口味會比較濃郁，與醬油羹十分對味。
冬季的前菜好料理。

炸豆腐 淋毛蟹黏稠羹

西麻布　大竹

將水分較多的嫩豆腐炸到表面酥脆硬化，
將豆腐的水分封在裡面、做成油炸湯頭料理。
以秋葵的黏性為羹湯增加濃稠度。

香炸鹽漬薤

根津たけもと

溫度時間：170℃炸2分鐘
預想狀態：希望能留下青海苔的美麗顏色。
鹽漬薤只要中間有熱就好，沒熟也沒關係。

鹽漬薤
低筋麵粉、天婦羅麵糊（低筋麵粉、蛋、水、青海苔）、炸油
鮪魚乾粉末、山椒粉
酸橘

1 將鹽漬薤對半直切。如果鹽分非常強烈，可以先浸泡在淡鹽水（不在食譜分量內）去鹽。
2 將青海苔混入天婦羅麵糊當中。擦乾鹽漬薤的水分後灑上低筋麵粉，過麵糊之後以170℃的炸油炸2分鐘左右。注意不要讓麵衣麵色。
3 起鍋瀝油裝盤。灑上鮪魚乾粉末及山椒粉。附上酸橘。

炸湯圓佐酒盜

分とく山

溫度時間：160℃炸1～2分鐘
預想狀態：注意不要讓湯圓變色，以較低溫油輕輕油炸。

（容易製作的分量）
湯圓粉…100g
水…90cc
炸油

醃漬鮭魚卵、烏魚子、酒盜

1 製作湯圓。將湯圓粉放入水中揉捏，等到軟硬度大約像耳垂即可，捏成1個10g。
2 放入160℃的油中油炸，浮起來的湯圓如果已經膨脹就表示炸好了，立即起鍋瀝油。
3 放上醃漬鮭魚卵、烏魚子、酒盜裝盤。

蕎麥豆腐 淋醬油羹

分とく山

溫度時間：170℃炸1~1分半
預想狀態：慢慢炸到讓中間溫熱，表面要酥脆。

蕎麥豆腐（容易製作的分量）
蕎麥粉…100g
豆乳…200cc
昆布高湯…200cc
鹽…適量
低筋麵粉、天婦羅麵糊（低筋麵粉60g、水100cc）、炸油
醬油羹（高湯6：濃口醬油1：味醂1.5、柴魚片、太白粉）
芽蔥、芥末

1 製作蕎麥豆腐。將蕎麥粉放入昆布高湯中，開中火以木抹刀攪拌。等到整體混合均勻之後就慢慢添加豆乳，將粉類化開。以小火繼續攪拌收乾，以鹽巴稍微調味。

2 將步驟1的材料取出35g以保鮮膜包起綁成布袋狀，用橡皮筋綁好，放入冷水中冷卻。

3 步驟2的豆腐冷卻後就拿掉保鮮膜，以刷毛刷上低筋麵粉，過天婦羅麵糊之後放入170℃油炸。麵衣失去水分變得酥脆就起鍋瀝油。

4 製作醬油羹。將高湯、調味料、柴魚片都放入鍋中開火，煮沸之後就過濾，再次開火然後使用以水化開的太白粉增添濃稠度。

5 將步驟3裝盤以後倒入步驟4的醬油羹，附上切好的芽蔥及芥末。

炸豆腐 淋毛蟹黏稠羹

西麻布 大竹

溫度時間：170℃炸3分鐘
預想狀態：不要讓豆腐變色，但表面要堅固酥脆。

嫩豆腐
太白粉、炸油
秋葵羹
秋葵
生木耳（切絲）
第一道高湯（100cc、淡口醬油10cc、味醂5cc）
毛蟹蟹肉、生薑

1 將嫩豆腐瀝乾。

2 準備秋葵羹。秋葵去除種子以後用熱水快速汆燙一下，剁碎讓它產生黏度。將第一道高湯、調味料調合在一起煮沸，放入秋葵及生木耳攪拌帶出濃稠感。

3 將步驟1的豆腐切成40g的塊狀，灑上太白粉，以170℃油炸。注意不要讓它變色。

4 將步驟3的豆腐裝盤後淋上秋葵羹。灑上蟹肉以及薑絲。

米糠醬菜天婦羅

ゆき椿

這是店家「ゆき椿」非常受歡迎的下酒菜，任何蔬菜都能夠作成米糠醬菜，不管醃得淡些或濃些都很好。天婦羅麵糊做得淡些，炸起來比較清爽。

炸生麩與根菜味噌田樂

まめたん

根莖類蔬菜與生麩炸了搭配在一起。
沾上混有櫻花蝦的乾麵包粉，提升香氣。
素炸的根莖類蔬菜用小洋蔥、
筍子等，這類糖分較高的比較好。

培根蘆筍天婦羅飯

ゆき椿

剛起鍋的炸餅撥碎與飯拌在一起，
蘆筍那新鮮氣味會更顯清香。
和飯拌在一起的油炸材料，
使用香氣較強的、帶鹽味的就能
令人一吃上癮。

米糠醬菜天婦羅

ゆき椿

溫度時間：160℃炸2分鐘、最後170℃
預想狀態：讓麵衣剛好熟即可。

米糠醬菜（小黃瓜、蘿蔔、紅椒）
低筋麵粉、天婦羅麵糊（低筋麵粉、蛋、水）、炸油

1 將米糠醬菜上的米糠洗掉後擦乾，切成薄片。

2 把雞蛋及水調在一起做成蛋水，將低筋麵粉快速攪拌一下做成天婦羅麵糊。

3 將步驟**1**的材料灑上低筋麵粉，過天婦羅麵糊以後以160℃油炸。最後將油溫提升到170℃，等到麵衣熟了就起鍋瀝油。裝盤的時候搭配一下色彩。

炸生麩與根菜味噌田樂

まめたん

溫度時間：根莖類蔬菜以170℃炸1分鐘。生麩以170℃炸30秒
預想狀態：根莖類蔬菜直接素炸，好好油炸去除水分濃縮甘甜。生麩希望中間是熱的，外側則香脆。

生麩（蓬麩、粟麩）
麵衣＊、炸油
水果蘿蔔、大頭菜、高麗菜、炸油
田樂味噌＊＊、蜂斗菜、高湯
＊將乾燥的櫻花蝦與乾麵包粉用果汁機打碎混在一起。
＊＊櫻味噌4kg、砂糖1.5kg、日本酒8合搭配在一起開火攪拌。根據使用用途來調整硬度。

1 將生麩切成3cm塊狀。水果蘿蔔切成圓片、大頭菜可以切厚一點。高麗菜切成方形片狀。

2 先從炸起來比較花時間的根莖類炸起，依序放入170℃的油當中。等到根莖類的水分去除以後，再將包裹麵衣的生麩放進去。根莖類適當去除水分以後會比較甘甜，且仍殘留口感。

3 等到生麩中間都熱了，表面的麵衣也硬脆之後就起鍋。注意不要讓麵衣焦掉。

4 取出根莖類和生麩以後，再讓高麗菜快速過個油。

5 取出適量的田樂味噌放入鍋中開火，灑入切碎的蜂斗菜，加入適量高湯做成濃稠的醬汁。

6 將根莖類、生麩和高麗菜都裝盤以後，淋上步驟5的田樂味噌。

培根蘆筍天婦羅

ゆき椿

溫度時間：140~150℃炸2分鐘
預想狀態：不要讓蘆筍流失太多水分，保持多汁感。

培根（滾刀）
綠蘆筍（切斜片）
低筋麵粉、天婦羅麵糊（低筋麵粉、蛋、水）、炸油
飯、鹽
長蔥、海苔絲

1 滾刀切好培根、綠蘆筍切斜片。

2 將步驟1的材料放入大碗中灑上低筋麵粉，將濃稠的天婦羅麵糊用滴的方式倒一些進去，快速攪拌一下混在一起。

3 放入140~150℃的油中炸到酥脆起鍋。

4 將步驟3的炸餅剁碎與剛煮好的飯拌在一起。同時加入切成薄片的蔥與鹽巴調味。

5 添入飯碗中，灑上海苔絲。

香魚片、沙丁魚酥片、烏魚子、沙丁脂眼鯡酥炸拼盤

根津たけもと

秋季下酒菜拼盤。水分少的材料事先炸起來放也不太會變質。能夠立即上桌，搭配酒品正適合。

溫度時間：接近170℃炸沙丁魚十幾秒。白味噌醃漬的烏魚子一瞬間就好、海苔也是幾秒。沙丁脂眼鯡炸1分鐘。香魚2～3分鐘銀杏用較低的160℃炸2～3分鐘

預想狀態：由於是水分較少的材料，以較低溫度油炸比較不會燒焦。

香魚、鹽水（鹽分濃度3％）
沙丁脂眼鯡
沙丁魚
海苔
白味噌醃漬的烏魚子＊
銀杏
炸油

鹽、七味辣椒粉

＊用紗布將烏魚子包起來，放在京都的白味噌當中醃漬一週左右。從味噌取出後真空保管在冷藏庫當中。

1 將香魚從背部切開、去骨之後浸泡在鹽水中1小時，然後上鐵串在室內風乾一天。風乾之後能夠炸的比較酥脆，並且已先減少水分，也可以少消耗一些油。
2 銀杏去殼後放入160℃的油中炸2～3分鐘取出，剝掉薄皮。
3 香魚切成兩等分，放入接近170℃的熱油。
4 接下來放沙丁脂眼鯡。然後放入香魚、海苔、烏魚子。依序撈起烏魚子、海苔、香魚、沙丁脂眼鯡瀝油。
5 將步驟2、3、4的材料做成拼盤，附上鹽巴並灑些七味辣椒粉。

第五章

春捲、腐皮捲

油炸物

嫩香魚搭豆瓣菜 炸春捲

おぐら家

豆瓣菜與香魚的苦味非常搭調。
用春捲皮包起來的時候最好不要有空氣跑進去。
如果用小餛飩皮等來包，就會變成小點心。

溫度時間：160℃炸3分鐘
預想狀態：因為不是很容易熟，因此用較低溫的油慢慢炸到中間也變熱。如果皮很薄，那麼稍微有點金黃色就OK。

香魚餡料（容易製作的分量）
……嫩香魚…300g
滷汁（水1公升、日本酒45cc）
白肉魚泥…200g
豆瓣菜
春捲皮、炸油

1 製作香魚餡料。先將香魚水洗後汆燙一下，放入壓力鍋內，倒入大量滷汁後熬煮約1小時。滷汁如果有調味的話，會導致香魚的柔和苦味消失，要多加注意。

2 取出嫩香魚用食物處理機打碎。然後添加白肉魚泥做成香魚餡料。

3 打開春捲皮，鋪上豆瓣菜，放上香魚餡料60g之後包起來。

4 以160℃慢慢油炸。取出瀝油後切開裝盤。也可以整條直接裝盤，或切成容易享用的大小。

炸海膽海苔捲

楮山

將新鮮海膽的甘甜與玉米醬的甘甜搭配在一起。炸的時候不要過度，海膽溫度適中即可。

「溫度時間：200℃炸30秒
預想狀態：以高溫短時間將米粉網炸熟即可。」

海膽
紫蘇
海苔
米粉網、炸油
玉米醬（容易製作的分量）
……玉米…1支量
……牛乳…200g
……鮮奶油…50g
蔥之花

1 將海苔放在米粉網上，不要超過米粉網的範圍。在海苔靠手邊處鋪上紫蘇。紫蘇上再放海膽，將海苔兩端捲起，注意不要讓海膽跑出來，然後將整個米粉網包起來。

2 將步驟1的材料放入加熱至200℃的油中炸30秒起鍋瀝油。

3 準備玉米醬。將玉米煮好後取下玉米粒，以食物處理機打碎後以濾網濾過。

4 將步驟3的玉米泥放入鍋中，添加牛奶、鮮奶油以小火熬煮濃縮。如果味道太淡就添加一些鹽巴（不在食品分量內）。

5 將玉米醬鋪在器皿上，放上對切開來的海苔捲。最後灑上蔥之花。

麥梗炸蝦

分とく山

將蝦真薯填入香菇去蒸，
再用米粉網包裹起來
放進熱騰騰的炸油中，
調整成麥梗帽的形狀，
賦予整體酥脆的口感。

海膽腐皮天婦羅山菜羹

まめたん

用腐皮包起入口即化的海膽
作成像丸子般的天婦羅。
與腐皮搭配的山藥羹
口味做得淡些。也可以放在飯上
作成腐皮丼飯。

炸腐皮包芝麻糊無花果

おぐら家

無花果上市的時間非常短，因此是季節感十足的材料。這份食譜使用的是乾果，但當季的時候推薦用新鮮無花果。

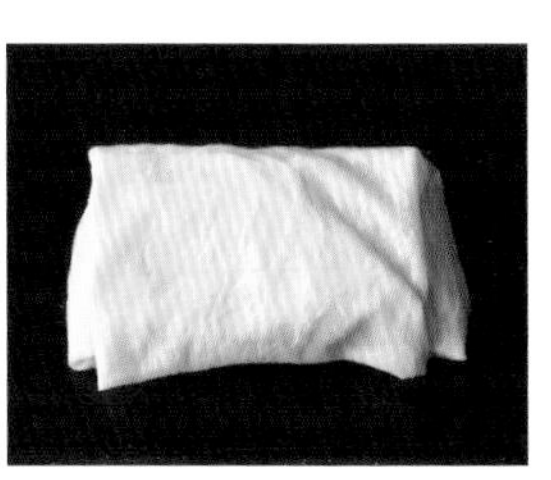

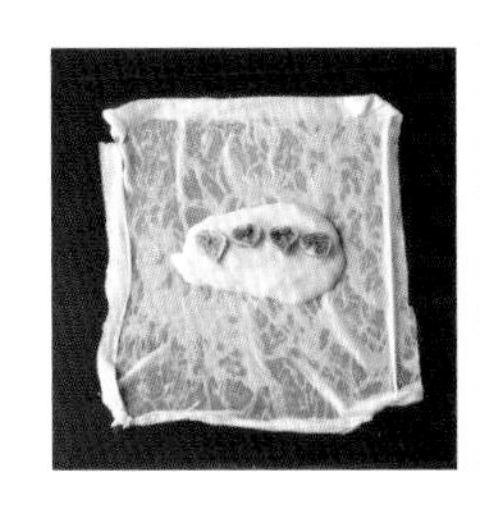

舞菇真薯 炸米粉網牛肉

おぐら家

米紙是使用米粉做成的東方食材，可以用水泡發用來做生春捲。此處使用的是網狀透空的米粉網。

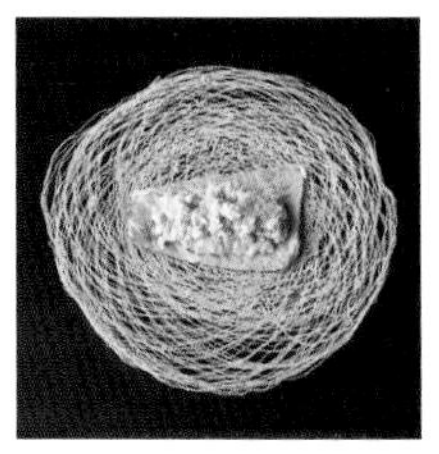

麥梗炸蝦

分とく山

溫度時間：180℃炸30秒
預想狀態：盡快將米粉網在仍白皙的狀態下調整成美麗的形狀。

蝦真薯（容易製作的分量）
剝好的蝦…300g
白肉魚泥…150g
洋蔥（剁碎）…1／3個量
蛋白…1／2個量
蛋漿＊…2大匙
淡口醬油…5cc

香菇、太白粉
米粉網、炸油
搭配高湯（高湯17：淡口醬油1：味醂0.5）
佐料（切絲的紫蘇、茗荷、生薑、切齊的豆瓣菜）
玉米筍、炸油

＊將蛋黃1個放入大碗中，以打蛋器攪拌後慢慢添加沙拉油120cc，使其成為美乃滋的樣子。

1 製作蝦真薯。將剝好的蝦抽掉背砂以後以鹽水（不在食譜分量內）清洗，擦乾後以菜刀剁碎。洋蔥稍微汆燙一下。

2 以研缽將白肉魚泥磨得更碎，將蝦子也加進去一起磨。把步驟**1**的洋蔥、蛋白、蛋漿都加進去攪拌，以淡口醬油調味。

3 去掉香菇梗，以刷毛在香菇傘的內部刷上低筋麵粉，把步驟**2**的蝦子真薯填進去。擺在托盤上以蒸籠蒸10分鐘。

4 將炸油熱到180℃，放入圓濾網，在濾網上擺米粉網然後放入步驟**3**的材料，以筷子調整米粉網的形狀。

5 調成麥梗帽的形狀以後就起鍋瀝油並裝盤。倒入已煮沸的搭配用高湯後放上佐料。附上素炸的玉米筍。

海膽腐皮天婦羅 山菜羹

まめたん

溫度時間：180℃炸20秒
預想狀態：海膽和腐皮都是可以生吃的材料。只要用高溫讓麵衣迅速固定即可。不要讓當中的海膽變得太老。

海膽
新鮮腐皮
低筋麵粉、天婦羅麵糊（低筋麵粉、蛋黃、水）、炸油
山菜羹（高湯7：濃口醬油1：味醂1、山菜＊、葛粉）
芥末

＊使用大葉擬寶珠、細香蔥、遼東楤木（五加科）、獨活。種類可隨意。

1 將新鮮腐皮從水中撈出瀝乾。

2 將瀝乾的新鮮腐皮打開來，包入20g新鮮海膽之後灑上低筋麵粉，過天婦羅麵糊放入180℃的炸油，短時間讓麵衣固定且酥脆。起鍋瀝油。

3 製作山菜羹。將山菜都切成短條狀。以濃口醬油及味醂為高湯調味，放入山菜加熱後添加以水化開的葛粉增添濃稠度。

4 將步驟**2**的炸腐皮天婦羅盛到器皿上，並淋上山菜羹。最上面擺上芥末。

炸腐皮包芝麻糊無花果

おぐら家

溫度時間：160℃炸1分鐘、最後180℃
預想狀態：注意不要讓腐皮燒焦，使用低溫讓當中的芝麻糊咕嘟咕嘟沸騰。

芝麻糊（容易製作的分量）
- 昆布高湯…720cc
- 芝麻醬…180cc
- 砂糖…5小匙
- 葛粉…140g
- 濃口醬油…適量

無花果
新鮮腐皮
炸油
醬油羹（高湯8：濃口醬油1：味醂1、葛粉適量）

1 製作芝麻糊。將食譜上的芝麻糊材料全部放入鍋中攪拌並開火加熱。沸騰以後就將火轉小，一邊以木刮刀攪拌加熱20分鐘以後靜置冷卻。調整成濃度是在炸了以後能夠入口即融的軟硬度。

2 張開新鮮腐皮，放上10g芝麻糊以及切成小塊的無花果後包起來。

3 放入加熱至160℃的油中，炸到芝麻糊熱騰騰為止。最後為了讓材料比較清爽，將溫度提升至180℃後起鍋。

4 製作醬油羹。以食譜上的比例將高湯、濃口醬油與味醂調在一起，慢慢添加以水化開的葛粉增添濃稠度。

5 將步驟3的材料裝盤後淋上醬油羹。此處照片為了讓大家看見裡面而切開，但為了不讓芝麻糊流掉，一般上桌時不需要切開。

舞菇真薯 炸米粉網牛肉

おぐら家

溫度時間：160℃炸3分鐘、最後180℃
預想狀態：以160℃的油多花點時間慢慢炸。最後以高溫使材料較為清爽。

舞菇真薯（容易製作的分量）
- 舞菇…200g
- 白肉魚泥…500g
- 蛋漿*…3個量

牛肉（切薄片）、鹽、胡椒
米粉網、太白粉、炸油

*將蛋黃3個放入大碗中，以打蛋器攪拌後慢慢添加沙拉油150g，使其成為美乃滋的樣子。

1 製作舞菇真薯。將舞菇撕開成適當大小，以180℃的炸油炸到酥脆。起鍋瀝油且將油完全擦掉之後，用果汁機打碎。

2 添加白肉魚泥、蛋漿繼續打到變成泥狀。

3 米粉網噴點水，中央灑上鹽、胡椒後鋪上牛肉，然後放上步驟2的真薯50g，以包春捲的方式包起來。

4 用刷毛刷上太白粉，以160℃的油慢慢油炸。最後提升溫度起鍋瀝油。切成容易食用的大小裝盤。

香菇春捲

ゆき椿

香菇煮3小時濃縮甘甜且將滷汁做成羹，以春捲皮包裹炸到酥脆。重點就在於將香菇及青蝦都切得大塊些。

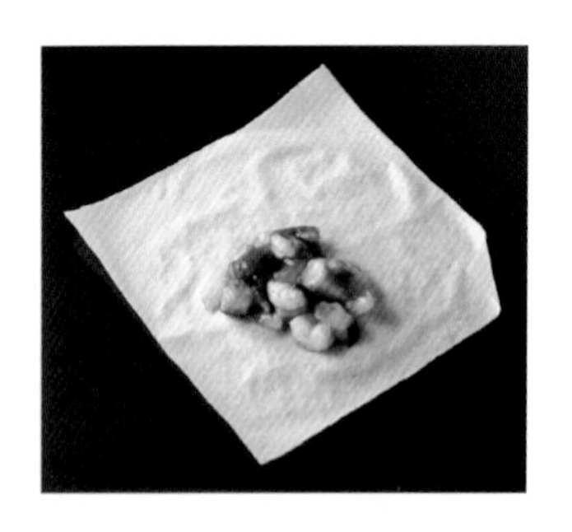

圓網炸甲魚

分とく山

煮成甜辣口味的甲魚凍，用米粉網包起來油炸。滷汁很容易流出來，所以裡面要多包一層紫蘇。入口即化的魚凍及米粉網酥脆口感形成對比。

洋蔥和風春捲

西麻布　大竹

炸到酥脆的春捲皮
與入口即化的新洋蔥。
請享用兩種不同的口感。
上桌的時候別忘了提醒
裡面非常燙。

炸黑腐皮包魚膘

おぐら家

魚膘選擇新鮮一點的，
和生腐皮一起用黑腐皮包起來。
搭鹽很好，配天婦羅高湯也不錯。

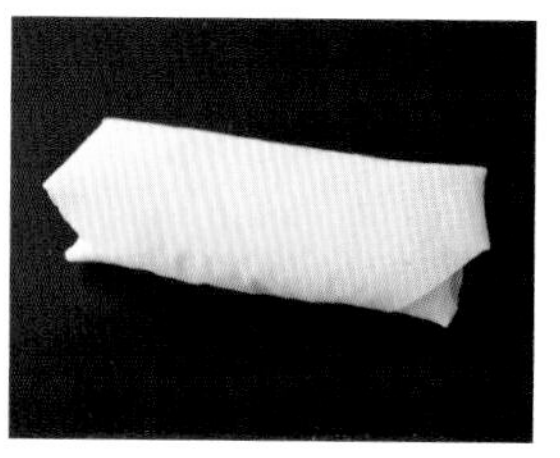

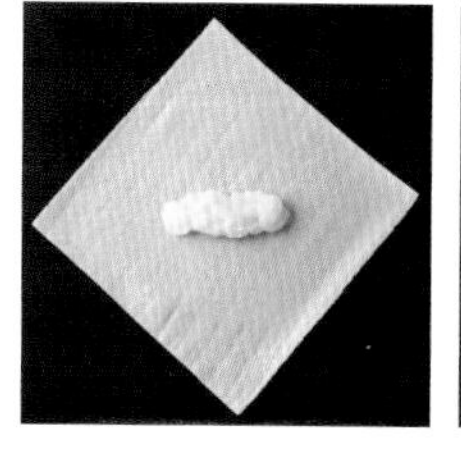

香菇春捲

ゆき椿

溫度時間：150℃炸3分鐘
預想狀態：讓春捲皮變成美味的金黃色，餡料熱騰騰。

春捲餡料
……香菇（大）…1.5朵
　青蝦肉…2條
……鹽、太白粉
春捲皮、炸油
黃芥末

1 準備要包在春捲裡面的餡料。香菇去梗之後切成大塊。泡在大量水當中3小時然後煮開，使香味留在水中。

2 將步驟**1**的香菇與切大塊的蝦肉一起放入中華料理鍋中，倒入步驟**1**的湯汁開火。蝦子熟了以後就以鹽巴調味，並慢慢添加以水化開的葛粉增添濃稠度，做得濃一些。

3 以春捲皮包好步驟**2**的餡料。使用150℃油炸。皮炸到變成金黃色、餡料也熱騰騰後就起鍋瀝油。附上黃芥末。

圓網炸甲魚

分とく山

溫度時間：170℃炸1分鐘
預想狀態：火侯要抓在裡面的魚凍正好要開始融化的時候，以上桌前的餘溫加熱，享用的時候剛好能夠融化。

春捲餡料（容易製作的分量）
……甲魚…1隻（800g尺寸）
　滷汁（日本酒100cc、味醂60cc、濃口醬油20cc）
……生薑（切絲）
紫蘇
米粉網、蛋白、炸油

1 將甲魚殺好並浸泡在60～70℃熱水中剝去薄皮。以2公升水（不在食譜分量內）煮甲魚。用小火熬煮30～40分鐘直到甲魚變柔軟、且高湯已經完成，就把甲魚撈起瀝乾。

2 將步驟**1**的甲魚骨頭及多餘的脂肪、筋都去除以後切塊。湯頭可以用在其他地方，不需要丟掉。

3 步驟**2**的甲魚再次放入鍋中，將滷汁的材料都放進去開火，熬煮到幾乎收乾，加入薑絲繼續煮，最後裝到容器中冷卻凝固。

4 將步驟**3**的甲魚凍切成1個15g之後以紫蘇包起來。把米粉網切成一半來包，用蛋白黏住邊邊。

5 放入170℃的油中炸1分鐘左右，在甲魚凍要融化前起鍋。瀝油後裝盤。

洋蔥和風春捲

西麻布　大竹

溫度時間：175℃炸3分鐘、最後180℃
預想狀態：使用較濃稠葛粉讓洋蔥帶有入口即化感。
注意不要讓它變色，高溫快速炸一下。

春捲餡料
新洋蔥（切絲）…少許
沙拉油…少許
第一道高湯、淡口醬油、鹽…各少許
葛粉
春捲皮、炸油

1 以少量沙拉油翻炒洋蔥。只要炒到有點變色就加入第一道高湯、淡口醬油、鹽巴調味。添加以水化開的葛粉增添濃稠度。
2 將步驟1的材料放入擠花袋中冷卻。
3 將步驟2擠25g左右到春捲皮上並包起。
4 放入175℃的炸油炸3分鐘左右。稍微有點顏色就起鍋瀝油並裝盤。

炸黑腐皮包魚膘

おぐら家

溫度時間：180℃炸50秒
預想狀態：以高溫短時間油炸讓裡面呈現流動狀態，但外側的腐皮硬脆。

魚膘醬
生黑腐皮
鱈魚膘
生腐皮（黑）
米粉、炸油
天婦羅醬汁*
*以高湯6：濃口醬油1：味醂1的比例調和後煮開，然後冷卻使用。

1 製作魚膘醬。將魚膘以鹽水（不在食譜分量內）快速清洗一下，切成適當大小。與生黑腐皮搭配在一起，以菜刀剁碎作為內餡。
2 將生腐皮打開，包入步驟1的醬料80g，包成春捲的樣子。
3 將步驟2灑上米粉，以180℃油炸。要讓外層酥脆、內餡滑順。照片上是切開來的，實際上會是整條上桌。附上天婦羅醬汁。

雞肝炸酪梨

分とく山

為了緩和雞肝的澀味，搭配酪梨做成能輕鬆享用的口味。秘訣就在於將火侯控制到放入口中非常柔軟入口即化。

溫度時間：180℃炸1分鐘
預想狀態：讓天婦羅麵衣能夠酥脆熟透。中間的雞肝只要有點溫熱即可。

雞肝醬（容易製作的分量）
雞肝…300g
鹽水（鹽分濃度1%）…適量
滷汁（高湯240cc、水240cc、淡口醬油60cc、日本酒60cc、味醂60cc）

酪梨…1個
檸檬汁…適量
生腐皮、低筋麵粉、蛋白
天婦羅麵糊（低筋麵粉60g、蛋黃1個量、水100cc）、炸油
鹽
葛切（五色）、炸油

1. 製作雞肝醬。將雞肝去筋以後浸泡在鹽水中去血腥。擦乾後過熱水汆燙。將雞肝放入滷汁中開火，維持在80～85℃煮10分鐘後關火。稍微放涼一下就瀝乾雞肝、用研缽磨碎。
2. 酪梨切塊，為了防止變色，要灑上檸檬汁。
3. 打開生腐皮，以刷毛刷上低筋麵粉，擺上100g的雞肝醬與酪梨，從靠手邊處捲起。邊邊用蛋白黏住。
4. 將步驟3外側以刷毛刷上低筋麵粉，過天婦羅麵糊之後以170℃油炸。切成3等份後稍微灑點鹽巴裝盤。附上素炸的葛切。

腐皮春捲

まめたん

將春天現蹤的幾種山菜用生腐皮包起來炸，如同文字表現的將「春」捲起來的春捲。

溫度時間：160~170℃炸1分半

預想狀態：為了讓帶有濃稠感的山菜能熱騰騰，以低溫油不斷翻動，多花點時間炸。

春捲餡料
- 小貝柱
- 山菜（莢果蕨、遼東楤木、獨活）
- 滷汁（高湯、鹽、淡口醬油）、葛粉
- 迷你番茄（紅、黃）

鹽漬櫻葉

生腐皮、炸油、鹽

遼東楤木、炸油、鹽

1 將小貝柱快速水洗後擦乾。把莢果蕨、遼東楤木、獨活都剁碎，用口味調整成湯底的滷汁快速溫熱一下，加入以水化開的葛粉增添濃稠度。鹽漬櫻葉也快速水洗一下擦乾。

2 打開生腐皮，放上步驟**1**的櫻葉。葉片上放莢果蕨、遼東楤木、獨活、迷你番茄包起來。使用以水化開的低筋麵粉（不在食譜分量內）黏住邊緣。

3 將步驟**2**的春捲放入160℃的炸油中。為了讓餡料能夠熱騰騰，要多花點時間油炸。因為是素炸，因此要留心腐皮不能燒焦。

4 變成淡金黃色後就將溫度拉到170℃然後起鍋瀝油，灑上鹽巴。

5 將春捲裝盤之後，附上素炸且灑了鹽的遼東楤木。

炸米俵

分とく山

將紅豆餡與煎過的核桃和芝麻拌在一起，
灑上糯米粉炸到酥脆的甜點。
可以強烈感受到溫熱與甜度，因此不要調味過頭。

溫度時間：160℃炸1分鐘

預想狀態：讓紅豆餡稍微溫熱的感覺。
不要讓糯米粉燒焦。

紅豆餡（容易製作的分量）
- 紅豆餡…300g
- 核桃…100g
- 焙煎芝麻…30g
- 柚子皮（切絲）…1／2個量

生腐皮
低筋麵粉、蛋白、糯米粉、炸油

1 將紅豆餡、核桃、焙煎芝麻、切成絲的柚子皮都放入大碗中攪拌均勻。

2 將生腐皮放在砧板上以刷毛刷上低筋麵粉。將步驟**1**的餡料捏成150g棒狀放在腐皮上靠手邊處，包起來之後以蛋白黏住邊緣。

3 將步驟**2**切成適當的長度灑上低筋麵粉，過已經去筋的蛋白。外側仔細包上糯米粉，以160~170℃油炸。

4 等到糯米粉變酥脆的樣子就起鍋，將兩端切齊、約每段3cm左右擺盤上桌。

炸腐皮千層酥

おぐら家

將腐皮像千層派那樣疊起來，搭配奶黃醬的甜點。炸過的腐皮容易吸濕軟化，因此要風乾冷卻。

溫度時間：170℃炸5分鐘

預想狀態：水分多的腐皮要讓它好好脫水才能輕盈酥脆。

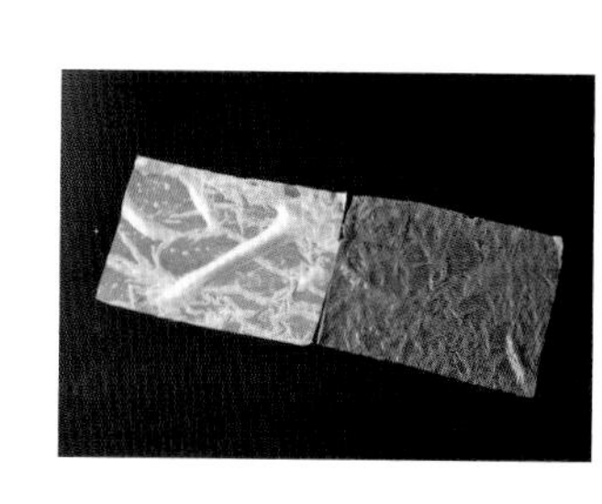

生腐皮（白、黑）

炸油

奶黃醬（容易製作的分量）

蛋黃…3個量

牛奶…800cc

細砂糖…80g

低筋麵粉…20g

香草籽…少量

糖煮蠶豆（蠶豆、糖漿*）

*將細砂糖10g以水100cc溶化。

1 將生腐皮切成8cm方形，以加熱到170℃的油來速炸。水分散失之後就取出風乾30分鐘冷卻。

2 製作奶黃醬。將蛋黃、牛奶、細砂糖放入鍋中以打蛋器拌勻。等到細砂糖完全拌勻以後就加入低筋麵粉與香草籽，開火繼續攪拌30分鐘。將鍋子放在冰水裡冰鎮。

3 製作糖煮蠶豆。蠶豆剝皮後以鹽水（不在食譜分量內）快速汆燙一下。將細砂糖與水調合後將煮過的蠶豆放進糖漿中稍微熬煮一下，將整個鍋子放進冰水中冰鎮。

4 將白腐皮與黑腐皮在器皿上交疊，淋上奶黃醬後附上糖煮蠶豆。

◎採訪店家介紹及刊載料理

楮山

楮山明仁

（かじやま・あきひと）

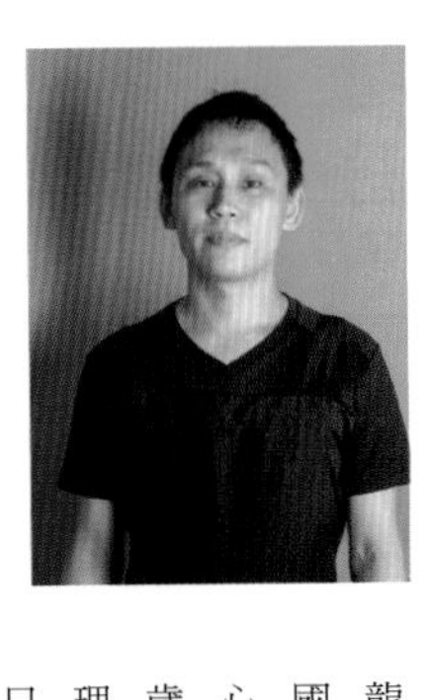

東京都港区六本木3・4・33
マルマン六本木ビルB1F
Tel 03・5797・7705

1986年出生於鹿兒島縣。2006年進入東京日比谷帝國飯店的「天ぷら　天一」。之後又歷經都內的和食店、以及東京新宿的鄉土料理店「くらわんか」學習日本料理基礎。之後於「日本料理　龍吟」累積一年學習經驗後，轉往東京代官山的法國料理店「ル・ジュー・ドル・ラシェト」學習點心製作技巧及烤肉的方式等。2015年6月、28歲時獨立開業。於東京六本木一丁目開設「日本料理　楮山」至今。所有座位都是個別包廂，提供以日本料理為基礎、且採用法國料理技巧及裝盤技術的套餐。以法國料理技巧調理的日本料理材料，擺盤成西洋料理的主菜非常受到歡迎。

［刊載料理］

久丹

中島功太郎

（なかしま・こうたろう）

東京都中央区新富2・5・5
新富MSビル1F
Tel 03・5543・0335

1978年出生於福岡縣。在福岡當地的割烹店學習日本料理。為了看見更寬廣的世界而於24歲時前往洛杉磯，進入松久信幸的「Matsushisa」。那是壽司與和風時髦料理「NOBU」的前身。回國後於東京的壽司店「秋月」修習後，在2007年進入東京元麻布的「かんだ」。在該店修習十年以後，2018年於東京銀座附近的新富町開設「久丹」。店內有8個吧台座位、1間包廂（可容量6、7人）。只提供無菜單套餐。擅長使用高湯調製的料理，本書當中介紹他的高湯搭配油炸料理及羹湯、炊飯等使用高湯的油炸料理。

［刊載料理］

旬菜　おぐら家

堀内　誠

（ほりうち・まこと）

東京都世田谷区池尻2-31-18
ライム池尻大橋2F
Tel　03-3413-5520

1977年出生於山梨縣。自織田調理師專門學校畢業後，進入株式會社濱屋。師事橋俊夫先生學習日本料理。之後歷經東京天王洲的「橋」、「ラピュタ」。經過13年修業後，於2011年在東京池尻大橋開立「荀菜　おぐら家」。2018年將店面增設移動到馬路斜對面處。店內有吧檯座位、包廂、室外露天座位。使用德島直送的魚貝類、山梨送來的蔬菜等烹調的料理非常受到歡迎。除了套餐料理以外，單品料理也非常豐富，非用餐時間的客人也可以接待。興趣是收集江戸時代的古老餐具。為了健康，長年來維持慢跑習慣。

［刊載料理］

西麻布　大竹

大竹達也

（おおたけ・たつや）

東京都港区西麻布1-4-23
コア西麻布1F
Tel 03-6459-2833

［刊載料理］

牛肝菌與干貝的奶油可樂餅　p16
炸牡蠣湯品　p45
炙燒風味薄燒鰹魚　p51
竹筍、青椒、紅蘿蔔炸肉餅　p16
煮穴子魚棒壽司 髮絲紫蘇　p89
炸白帶魚蠶豆酥　p67
新馬鈴薯爽脆沙拉　p96
竹筍飯 炸螢魷　p85
炸豆腐 淋毛蟹黏稠羹　p153
照燒脆牛蒡　p93
日本對蝦真薯湯　p41
洋蔥和風春捲　p169
炸馬頭魚鱗　p29
鮑魚胡麻豆腐搭鮑魚肝羹　p34
照燒玉米饅頭與鹽燒青鮭　p113

1982年出生於愛媛縣。自大阪天王寺的辻日本料理マスターカレッジ畢業後，於崎阜縣的「たか田八祥」累積十年日本料理修習經驗。之後於該店的分店「こがね八祥」、「わかみや八祥」擔任6年店長。2017年獨立於東京西麻布開設「西麻布　大竹」。店裡除了吧檯座位8個以外，還有1間包廂（4人）。主要提供以當季料理為主、10道菜左右的無菜單套餐。在正統日本料理的菜色當中搭配簡單卻費功夫的料理。當季奶油可樂餅也是其中之一。能將廣泛為人熟悉的可樂餅做到口味洗練，正是「大竹」的特點。

根津たけもと

竹本勝慶

（たけもと・かつのり）

東京都文京区根津2-14-10
B1F
Tel 03-6753-1943

［刊載料理］

素炸貝柱佐鹽味海膽　p58
海鰻利久揚　p69
裹粉炸螢魷、沙拉風味　p84
炸筍拌山椒嫩葉味噌　p105
炸酥五加科與野萱草涼拌烏魚子　p149
蛤蜊土佐揚　p71
青甘一夜干南蠻漬　p70
炸烤鴨與素炸苦瓜、炒有馬山椒　p128
旗魚荷蘭燒　p50
香魚片、沙丁魚酥片、烏魚子、沙丁脂眼鯡酥炸拼盤　p160
香炸高湯蛋捲　p141
炸飯糰茶泡飯　p150
白蝦與海膽的磯邊炸　p40
香炸鹽漬薤　p152
炙燒風味鰹魚佐香蔥　p50

1977年出生於東京。自東京國立エコール辻東京畢業後，進入帝國飯店的「東京吉兆」，但因為希望工作時能看見客人，因此轉職到大塚的知名居酒屋「こなから」。該店是以美味料理及日本酒酒品齊全而非常受歡迎的知名居酒屋（現已收店）。在吧台站了19年以後於2015年獨立營業。在東京根津開設「根津たけもと」。提出了「不會過於高級也不會太過休閒」的概念，費工調理出與日本酒或紅酒都相當對味的料理，非常受到歡迎。以單品料理為主，但也可提供套餐。每天早上都會去豐洲市場，以自己挑選的魚貝類烹調的料理為中心。

まめたん

秦 直樹

（はた・なおき）

東京都台東区谷中1-2-16
Tel 080-9826-6578

1986年出生於北海道。進入札幌的光塩學園調理製菓專門學校，學習日本料理。畢業後進入東京紀尾井町的「福田家」，開始修習日本料理。2015年獨立在東京谷中開立「まめたん」。將原本是豆腐店的古民家一樓改裝後，成為一間有7個吧檯座位與小桌4人座的小巧店面，由秦先生一手包辦所有事項。菜單是以他從豐洲市場進貨的魚貝類為中心的套餐。會配合料理流程推薦日本酒。也有許多人受到他風趣瀟灑招待的溫和個性吸引而經常前來。以現代作家為主的時髦個性餐具也大受好評。

［刊載料理］

ゆき椿

市川鉄平

（いちかわ・てっぺい）

東京都杉並区天沼3-12-1 2F
Tel 03-6279-9850

1978年出生於東京。自上班族轉業，28歲時進入東京銀座的西班牙料理店。在修習3年以後，又歷經惠比壽的割烹店、赤坂的「まるしげ夢葉家」累積和食經驗。該店為70個座位的大型居酒屋，主力是以魚貝類為主的和食基礎創作料理。在這間店修習五年，獲得創造料理及迅速工作的能力。2014年時以自己的老家新潟鄉土料理店「雪椿」之名在東京荻窪開了「ゆき椿」。吧檯座位8個、桌邊座位12個，由他獨挑大梁製作料理及服務。不侷限於日本料理、自由發想創作出充滿季節感的料理非常受到好評。

［刊載料理］

蓮

三科 惇（みしな・じゅん）

1983年出生於神奈川縣。自東京國立エコール辻東京、大阪的辻調理師專門學校畢業，學習了日本料理的基礎。2006年進入東京神樂坂的「石かわ」，開始在石川秀樹門下修習日本料理。2008年轉移到同為石川集團的「虎白」。次年則異動至新開張的「蓮」。2018年「蓮」遷移到銀座後開始擔任該店店長。位於銀座擁擠地段，但除了7個吧台座位以外，還準備了包廂（6人×2間）。在銀座這個大舞台上，由三科先生領軍年輕工作人員招待顧客。本書當中由於本店店名「蓮」而介紹了許多該店以蓮藕製作的油炸料理。

東京都中央区銀座7・3・13
ニューギンザビル1F・B1F
Tel 03・6265・0177

［刊載料理］

分とく山

阿南優貴（あなん・ゆうき）

1984年出生於福岡縣久留米市。自福岡中村調理製菓專門學校畢業。畢業後進入「分とく山」自最基礎做起，修習15年，於2018年轉移到新建於鄰接土地的本店，同時就任料理長。在該店總料理長野崎洋光先生的教導下，打造出遵守日本料理的準則但配合時代的調理方式。掌理工作人員的同時，又要繼承名店名聲，目標雖困難卻非常有意義而每日前行。本書當中介紹該店以白湯圓、牛舌等原先不太容易用來做油炸料理的材料製作的菜色、前菜拼盤、主菜等各種大有幫助的油炸料理。

東京都港区南麻布5・1・5
Tel 03・5789・3838

［刊載料理］

◎依字首筆劃搜尋

TITLE

東京炸物名店　酥炸珍饌精粹技法 150

STAFF

出版　瑞昇文化事業股份有限公司
編著　柴田書店
譯者　黃詩婷

總編輯　郭湘齡
責任編輯　張聿雯
文字編輯　蕭妤秦
美術編輯　許菩真
排版　菩薩蠻數位文化有限公司
製版　印研科技有限公司
印刷　桂林彩色印刷股份有限公司

法律顧問　立勤國際法律事務所　黃沛聲律師
戶名　瑞昇文化事業股份有限公司
劃撥帳號　19598343
地址　新北市中和區景平路464巷2弄1-4號
電話　(02)2945-3191
傳真　(02)2945-3190
網址　www.rising-books.com.tw
Mail　deepblue@rising-books.com.tw

初版日期　2021年2月
定價　450元

ORIGINAL JAPANESE EDITION STAFF

撮影　天方晴子
デザイン　中村善郎　yen
編集　佐藤順子

國家圖書館出版品預行編目資料

東京炸物名店：酥炸珍饌精粹技法150/
柴田書店編著；黃詩婷譯. -- 初版. --
新北市：瑞昇文化事業股份有限公司,
2021.02
188面；19x25.7公分
ISBN 978-986-401-471-2(平裝)
1.食譜 2.日本

427.131　　110000632

國內著作權保障，請勿翻印／如有破損或裝訂錯誤請寄回更換
NIHONRYORI AGEMONOSHINMI 150
Copyright ©2019 SHIBATA PUBLISHING CO.,LTD.
All rights reserved. No part of this book may be reproduced in any form without the written permission of the publisher.
Originally published in Japan by SHIBATA PUBLISHING CO.,LTD.
Chinese (in traditional character only) translation rights arranged with
SHIBATA PUBLISHING CO.,LTD.Tokyo. through CREEK & RIVER Co., Ltd.